芭菲

Parfait

設計一杯
IG 網美風水果百匯

瑞昇文化

Parfait

芭菲這個詞聽起來有種懷舊感。

甜甜的奶油、大量的水果、
冰涼的冰淇淋、酥脆的餅皮。
是小時候所吃到的特別滋味。

這道源自日本的甜點現在開始進行新的進化。

負責使芭菲進化的是老字號的水果甜點店和甜點師們。

在本書中，會介紹許多種保留了傳統懷舊風味的芭菲，
以及遠比以前更加美味又好看的芭菲。

Contents

1 大家都喜歡的經典水果芭菲

攝影／中島聰美
設計／飯塚文子
編輯／井上美希

在使用本書前

◎本書所刊載的芭菲是受訪店家當時所販售的商品，有的商品現在已停售。

◎材料、商品名稱、作法是採訪當時的資料。

◎分量全都是受訪店家的備料量。

◎商品名稱與部位名稱以店家的稱呼為準。

◎奶油使用的是無鹽奶油。

◎材料名稱後面的名稱是受訪店家所使用的商品名稱或廠商名稱。

◎烤箱的加熱方式會根據不同的款式與設置場所而有所差異。本書的燒烤溫度與時間是大概的標準。
　請依照所使用的烤箱來進行調整。

◎使用手持式攪拌器來攪拌的時間與速度會根據機型而有所差異。

關於用語

◎混合麵糊（appareil）：將材料混合而成的麵團、麵糊。

◎焦糖化：讓砂糖融化，形成帶有香氣的褐色微焦狀態。

◎新鮮奶油：剛打好的鮮奶油。

◎杏仁奶油（Crème d'amande）：使用杏仁粉、砂糖、奶油、雞蛋等製成的鮮奶油。

◎外交官奶油（Crème diplomate）：在卡士達醬中加入剛打好的鮮奶油所製成的奶油醬。

◎卡士達醬（Crème pâtissière）：即法文中的卡士達醬。

◎安格斯醬（sauce anglaise）：將蛋黃、牛奶、砂糖等材料混合，把醬汁加熱到產生黏稠感。

1

大家都喜歡
的經典水果芭菲

桃子

草莓

芒果

葡萄

無花果

櫻桃

水果芭菲

西洋梨

栗子

哈密瓜

香蕉

桃子寶石芭菲 ～佐洋甘菊牛奶義式冰淇淋～

パティスリィ アサコ イワヤナギ
（岩柳麻子）

在常溫下將山梨縣產的桃子催熟到柔軟甘甜的程度。
先放上大量桃子，再疊上義式冰淇淋、糖煮水果（compote）、果凍。
附上帶有清爽酸味的優格鮮奶油，就能爽快地完成這道很有夏日風味的甜點。

桃子和開心果

パティスリー ビヤンネートル（馬場麻衣子）

「讓開心果的淡綠色在桃子的淺色調中變得顯眼」基於這種想法而進行嘗試時，
由於桃子的清爽風味與開心果的濃郁風味和香氣很搭，所以形成了這種搭配。
為了讓味道取得平衡，開心果口味義式冰淇淋的分量要比桃子雪酪來得少。

桃子寶石芭菲 ～佐洋甘菊牛奶義式冰淇淋～

パティスリィ アサコ イワヤナギ（岩柳麻子）

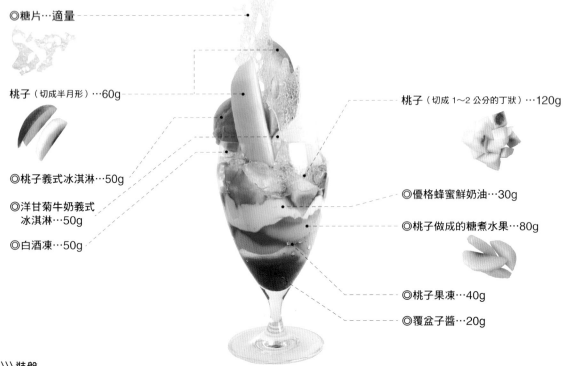

◎糖片…適量

桃子（切成半月形）…60g

◎桃子義式冰淇淋…50g

◎洋甘菊牛奶義式
　冰淇淋…50g

◎白酒凍…50g

桃子（切成 1～2 公分的丁狀）…120g

◎優格蜂蜜鮮奶油…30g

◎桃子做成的糖煮水果…80g

◎桃子果凍…40g

◎覆盆子醬…20g

〉〉〉 裝盤

① 放入覆盆子醬。

② 用湯匙舀起桃子果凍，放入杯中。

③ 以錯開的方式疊上切成半月形的糖煮桃子，讓中央產生空隙。

④ 放完糖煮桃子後的景象。像這樣地放入，讓中央產生空隙。

⑤ 將優格蜂蜜鮮奶油放入步驟 3 的空隙中。

⑥ 沿著玻璃杯邊緣放入切成丁狀的桃子。

⑦ 用湯匙舀起白酒凍，放入杯中。

⑧ 放上各一匙的洋甘菊牛奶義式冰淇淋與桃子義式冰淇淋。

⑨ 放上半月形桃子與糖片來當作裝飾。

◎糖片

1 依序將 Silpat 烘焙墊和烘焙紙鋪在烤盤上，放上適量的糖飾專用砂糖，讓形狀呈現橢圓形（**a**）。

2 蓋上烘焙紙和 Silpat 烘焙墊（**b**）後，放入180℃的烤箱中（蒸氣調節器為開啟狀態）加熱 10～20 分鐘。

3 中途要不時地從烤箱中取出，翻開烘焙紙，觀察情況（**c**）。若還有白色部分的話，就繼續加熱。

4 等到糖變成完全透明後，就直接放涼備用（**d**）。等到糖片完全冷卻後，就切成適當大小，然後將其與乾燥劑一起放入密閉容器中保存。

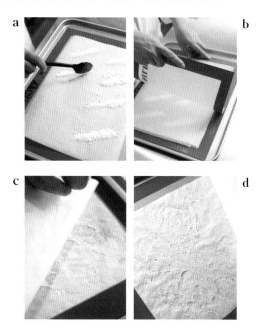

◎糖煮桃子

1 將白酒（甲州產）300g、水 300g、細砂糖 160g、檸檬汁 30g、香草醬 1～2g 放入銅鍋中煮沸。

2 將 2 顆大桃子（山梨產）切成 3 片（**a**）。要把中間那片的果肉和種子分開（**b**）。（**c**）是將一顆桃子切好後的景象。將所有桃子去皮。若是小桃子的話，就切成兩半，直接將帶有種子的桃子去皮。

3 把步驟 2 的果肉和種子放入 1 中滾一會兒，蓋上用來代替小鍋蓋的烘焙紙。轉成小火，煮 15～20 分鐘。只要和種子一起煮，就能煮成漂亮的粉紅色（若皮也放進去煮的話，會形成更深的粉紅色，由於這道芭菲想要的是較淡的色調，所以不加皮。）

4 當果肉變成半透明，邊角也變得圓滑後（**e**），就關火，將湯汁進行過濾（**f**）。果肉放涼備用，趁湯汁還熱時，將其作成果凍（如右所述）。

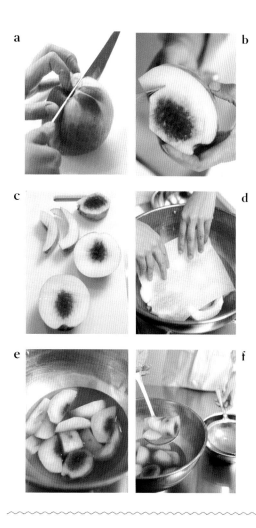

◎桃子果凍

1 趁糖煮桃子的湯汁（如左所述）還熱時先秤重，將其重量 1.5％的明膠片放入冰水中浸泡（**a**）。

2 將明膠片放入步驟 1 的湯汁中攪拌（**b**），透過餘熱來使其溶解。

◎桃子義式冰淇淋

1 去除桃子的皮和種子。將食品用漂白劑稀釋600倍，做成殺菌水。把桃子放入殺菌水中30分鐘後，用水清洗，然後用攪拌機將桃子打成泥狀。

2 將步驟 1 的桃子泥 1.1kg、水 500g、龍舌蘭糖漿 400g、檸檬汁 22g、雪貝專用穩定劑（Comprital公司的「雪貝穩定劑」）4g 放入攪拌機，攪拌成滑順狀。

3 放入冰淇淋機中 20 分鐘以上。

◎洋甘菊牛奶義式冰淇淋

1 將鮮奶油（乳脂含量 38％）200g 煮沸。加入洋甘菊（茶葉）40g，蓋上蓋子，蒸數分鐘，讓香氣轉移。

2 將 1、龍舌蘭糖漿 30g、牛奶穩定劑*1250g 放入攪拌機，攪拌成滑順狀。

3 放入冰淇淋中 18～20 分鐘。

＊：將脫脂奶粉 210g 和穩定劑（牛奶義式冰淇淋專用）24g 混合，加入鮮奶油（乳脂含量 38％）520g、龍舌蘭糖漿 960g 攪拌。放入義式冰淇淋專用的巴氏殺菌機（進行加熱殺菌與急速冷卻的機器）後，就能使用。

◎白酒凍

1 將白酒 300g、水 300g、細砂糖 160g、檸檬汁30g、香草醬 1～2g 放入鍋中加熱。

2 稍微滾一會兒後，就關火，加熱泡過冰水的明膠片約 12g，使其溶解。

3 倒入保存容器中，放入冰箱內冷藏，使其凝固。

◎優格蜂蜜鮮奶油

1 將優格放入鋪上了廚房紙巾的篩子中，瀝乾 30分鐘。

2 準備與瀝乾優格相同重量的鮮奶油、鮮奶油重量 10％的細砂糖、瀝乾優格重量 15％的蜂蜜。

3 將細砂糖加到步驟 2 的鮮奶油中，打發至 8 分硬度。

4 將 1 和 3 混合，加入步驟 2 的蜂蜜攪拌均勻。

◎覆盆子醬

1 以 1：1 的重量比例，將覆盆子泥和冷凍覆盆子放入鍋中混合，加入總重量 30％的細砂糖。

2 將細砂糖重量 3％的 NH 果膠加到 1 中，開火，煮到稍微滾一會兒。在常溫下放涼備用。

芭菲與搭配的飲料

在供應芭菲時，會和飲料組成套餐。這道芭菲所搭配的是，義大利產氣泡酒。透過果香的甘甜與清爽的餘韻來一口氣突顯桃子的清爽風味。

桃子和開心果

パティスリー ビヤンネートル（馬場麻衣子）

薄荷…適量

覆盆子（切半）…1 顆

桃子（山梨產「曉」・切成半月形）…1 片

◎板狀巧克力…適量

◎桃子的新鮮奶油…25g

◎白桃義式奶酪…20g

◎糖煮桃子（愛媛縣產「夏日少女」）…3 片

◎糖粉奶油細末（Streusel）…8g

◎開心果義式冰淇淋…30g

桃子（山梨產「曉」）…3 片

覆盆子（切半）…1 顆

◎焦糖杏仁薄片（Nougatine）…5g

◎桃子雪酪（愛媛縣產「夏日少女」）…80g

◎糖煮桃子（愛媛縣產「夏日少女」）…3 片

薄荷葉…2 片

◎葡萄園桃子果凍（約 1cm 見方）…20g

◎萊姆果凍…50g

◎帶有桃子香氣的白酒…5g（另外附上）

〉〉〉裝盤

❶ 用湯匙將萊姆果凍搗成略大的塊狀，放入玻璃杯中。

❷ 用湯匙舀起一口大小的葡萄園桃子果凍，放入玻璃內，讓人從外側可以看到果凍。

❸ 把薄荷葉放入從外側可以看到的位置。

❹ 將糖煮桃子均勻地疊在葡萄園桃子果凍上。

❺ 用冰淇淋杓將桃子雪酪舀進玻璃杯中。

將焦糖杏仁薄片（Nougatine）放在桃子雪酪上。

均勻地將覆盆子放進從外側看得到的位置。

均勻地放入切成一口大小的桃子。

用冰淇淋杓將開心果義式冰淇淋舀進玻璃杯中。

均勻地將糖粉奶油細末（Streusel）放在後側。

 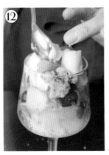   

將糖煮桃子放在前側。

用湯匙舀起一口大小的白桃義式奶酪，放入杯中。

在後側擠上很高的桃子新鮮奶油（口徑 10mm 的圓形擠花嘴）。

在桃子新鮮奶油的稍微後側插上板狀巧克力。

在板狀巧克力的前方放上桃子、覆盆子、薄荷來當作裝飾。將帶有桃子香氣的白酒裝入容器中，隨餐附上。

◎板狀巧克力

1 將適量白巧克力隔水加熱，使其融化，與調色粉混合，進行調溫。

2 將 OPP 透明膜鋪在烤盤上，倒入很薄的 **1**。撒上適量開心果，使用急速冷凍機來使其冷卻。

◎桃子新鮮奶油

1 將鮮奶油（乳脂含量 41％）420g、鮮奶油（乳脂含量 35％）180g、洗雙糖 36g、桃子利口酒（「Crème de Pêche」LEJAY）30g 混合，慢慢地打發。「若打得太硬，就容易感到油膩」（馬場），因此要控制在能夠勉強維持形狀的柔軟度。

◎白桃義式奶酪

1 將牛奶 150g、鮮奶油（乳脂含量 35％）20g、洗雙糖 80g 放入鍋中加熱，一邊攪拌，一邊加熱到快要沸騰。

2 加入泡過冰水的明膠片 6g 攪拌，使其溶解。

3 將白桃果泥（Boiron 公司）180g 放入碗中後，把 2 濾進此碗中。攪拌均勻，放入冰箱中冷藏，使其凝固。

◎糖煮桃子

1 用流動的水將 8 顆白桃（愛媛產「夏日少女」）充分清洗乾淨。

2 將洗雙糖 800g、水 800g、香草豆莢*2 根、桃子利口酒（「Crème de Pêche」LEJAY）120g、葡萄園桃子的果泥（Boiron 公司）120g 混合，放入耐熱袋中。將 **1** 直接放入其中，使用設定成 90℃、蒸氣量 100％的蒸氣對流烤箱加熱 30 分鐘。

3 將整個袋子放入冰水中冷卻後，放進冰箱中保存。

＊：將製作卡士達醬等時會使用到的香草豆莢清洗乾淨後，放在烤箱上烘乾備用。由於使用的是香氣強烈的有機栽培品種，所以即使已使用過，香氣還是夠強烈。

◎糖粉奶油細末（Streusel）

1 作法為，在「李子黑醋栗」的「肉桂糖粉奶油細末」（p.182）中去掉肉桂粉。

◎開心果義式冰淇淋

1 將牛奶（乳脂含量 3.6%・「高梨牛乳 3.6（高梨乳業）・以下皆相同」）1055g、脫脂牛奶（非乳脂固形物含量 27%・「高梨脫脂濃乳」）145g、鮮奶油（乳脂含量 41%）293g、洗雙糖 272g、脫脂奶粉 26g、葡萄糖 58g 放入鍋中加熱。讓鍋中保持快要沸騰的狀態 1 分鐘。

2 加入開心果泥（「純開心果泥（Agrimontana 公司）」）135g，進行攪拌（a）。

3 當開心果泥遍及各處後，就倒入攪拌機中攪拌成均勻狀態（b）。

4 放入冰淇淋機中（c），攪拌約 6 分鐘。將其取出，放入容器內（d），在 -15℃的環境下保存。

◎焦糖杏仁薄片（Nougatine）

1 將洗雙糖 175g 和 HM 果膠 10g 磨碎，攪拌均勻。

2 將奶油 190g 放入鍋中加熱。融化後，加入水 75g 和水飴 90g。煮到稍微滾一會兒後，加入 1，轉成中火，用橡膠鍋鏟攪拌，直到產生黏稠感。

3 將 Silpat 烘焙墊鋪在烤盤上，倒入 2。放入 160℃的烤箱中烤 15 分鐘（打開蒸氣調節器）。

4 放在烤盤上使其冷卻，冷卻後，用菜刀切碎。

◎桃子雪酪

1 將白桃（愛媛縣產「夏日少女」）切成兩半，去籽。用量為 1.1kg。把桃子泡在殺菌水（將食品用殺菌消毒劑「PURELOX-S」稀釋 600 倍所製成）中 30 分鐘，進行殺菌。用流動的水來清洗桃子，讓味道不要殘留。

2 將 1、檸檬汁 12g、葡萄糖 120g 放入耐熱袋中，用 90℃、蒸氣量 100%的蒸氣對流烤箱加熱 30 分鐘。連同袋子一起放入冰水內降溫。

3 將洗雙糖 380g 和穩定劑（Vidofix）6g 磨碎並混合，然後逐步地加入水 507g，進行攪拌。開火，加熱到快要沸騰，加入蜂蜜 10g。讓鍋子接觸冰水，進行降溫。

4 將 2 和 3 混合，放入攪拌機中，打成滑順狀。

5 進行過濾，放入義式冰淇淋機中約 6 分鐘。

◎葡萄園桃子果凍

1 將洗雙糖 235g 和果凍粉 19g 混合。

2 將水 480g、香草豆莢半根、葡萄園桃子的果泥（Boiron 公司）60g 放入鍋中，加熱到快要沸騰。

3 加入 1，進行攪拌，煮到稍微滾一會兒後，就關火。加入桃子利口酒（「Crème de Pêche」LEJAY）30g，攪拌均勻。過濾到保存容器內，放入冰箱冷藏，使其凝固。

◎萊姆果凍

1 參考「李子黑醋栗」的「香檬果凍」（p.183）來製作。分量為水 900g、洗雙糖 300g、明膠片 30g。使用萊姆汁 210g 來代替檸檬汁，最後加入桃子利口酒（「Crème de Pêche」LEJAY）10g，放入冰箱冷藏，使其凝固。

◎帶有桃子香氣的白酒

1 將白酒 240g 和桃子利口酒（「Crème de Pêche」LEJAY）6g 混合。

山梨縣產白桃芭菲

タカノフルーツパーラー（森山登美男、山形由香理）

從桃子盛產季的 6 月到 8 月，會持續不斷地供應使用各種不同產地、品種的桃子所製成的芭菲。這道芭菲只會使用桃子盛產地之一山梨縣產的白桃來製作。杯中裝盛了果肉、雪酪、冰沙（Granité）、使用桃子皮製成的醬汁等各種樣貌的桃子。為了發揮桃子的細膩香氣與滋味，所以搭配了帶有溫和酸味的法國白起司（Fromage blanc）。

成年人的桃子芭菲

ホテル インターコンチネンタル 東京ベイ ニューヨークラウンジ（德永純司）

桃子搭配上玫瑰香檳製成的冰沙與果凍、荔枝雪貝，以及優格和鮮奶油來增添發泡鮮奶油與莓果類的酸味，
打造出清爽的芭菲。香檳中保留了酒精與氣泡，呈現出成年人的口味。

山梨縣產白桃芭菲

タカノフルーツパーラー（森山登美男、山形由香理）

顆粒狀果凍…適量
>>>作法為，逐步少量地將果凍液加進冰涼的油中，使其凝固。等到果凍凝固後，請充分清洗後再使用。

發泡鮮奶油（打發至 8 分硬度）…適量
>>>由於脂肪含量太高的話，會過於濃郁，所以混合使用鮮奶油和植物性鮮奶油來做出清爽的味道。糖度要低一點。

白桃（切成 10 等分的半月形）…6 片

香草冰淇淋和桃子雪酪…合計 80g
>>>雪酪的作法為，將桃子連皮一起放入攪拌機中攪拌，然後再放入冰淇淋機中。香草冰淇淋為市售商品。各舀半球，組成一球冰淇淋。

桃子皮醬汁…適量
>>>將細砂糖加到桃子皮中煮，再用攪拌機打成泥狀。由於靠近皮下方的部分含有許多桃子的香氣成分，所以藉此使用桃子皮醬汁，可以做出桃子香氣更加扎實的芭菲。

發泡鮮奶油（如同左述）…15g

桃子冰沙…100g
>>>將熟透的桃子放入攪拌機中打成汁，然後加入糖漿，冷凍起來。

桃子皮醬汁（如同上述）…適量

覆盆子奶油…20g
>>>藉由使用覆盆子的酸味來提味，就能突顯桃子的甘甜與味道。

白桃（一口大小）…適量
桃子果凍…30g
>>>用水來稀釋桃子果泥，加入糖漿和桃子利口酒，透過明膠來使其凝固。

桃子皮醬汁（如同上述）…5ml

〉〉〉裝盤

① 將桃子皮醬汁放入玻璃杯底部。

② 用湯匙將桃子果凍舀入杯中。

③ 將切成一口大小的桃子壓進果凍中。

④ 將覆盆子奶油放入裝上了圓形擠花嘴的擠花袋中，把奶油擠在果凍上。

⑤ 用湯匙沿著玻璃杯邊緣繞一圈，將桃子皮醬汁倒入杯中，形成一個圓。

⑥ 放上桃子冰沙。

⑦ 沿著玻璃杯邊緣繞一圈，擠上發泡鮮奶油。

⑧ 用湯匙將桃子皮醬汁淋在發泡鮮奶油上。

⑨ 放上香草冰淇淋和桃子雪酪。在前方放上 3 片桃子，然後疊上 2 片，最後再疊上一片。

⑩ 將發泡鮮奶油擠在頂部（星形擠花嘴・5 齒 5號），放上顆粒狀果凍。

關於白桃

在常溫下將桃子催熟。透過外觀，無法得知何時最適合吃。另外，產生香氣就代表桃子已經太熟了。由於按壓會使桃子受傷，所以要透過放在手上時的彈性來判斷。一旦開始變熟，就會一口氣超過最適合吃的時機，所以想讓桃子再稍微熟一點時，請放入冰箱冷藏。由於放入冰箱的時間太長的話，桃子會因為流失水分而變得又乾又硬，所以一定要在桃子快要變得最適合吃之前，才放入冰箱。（森山）

小菜刀的使用訣竅

在削水果皮或是切水果時，只會使用到小菜刀的前端到正中央的部分。

〉〉〉切白桃

沿著裂縫下刀，在種子的周圍繞一圈，切出切口。

插進小菜刀，使其碰到種子，沿著種子的圓潤形狀來移動，從種子的其中一側將果肉取下。

用雙手的掌心溫和地拿著，一邊注意不要壓壞桃子，一邊扭動桃子。

將小菜刀插進種子下方，順著種子的圓形來移動，從種子的其中一側將果肉取下。

切成 5 等分。此時，要讓前端呈現尖尖的三角形（交錯地切）裝盤時，只要讓較尖部分朝上，就能裝得很好看，由於較粗的部分在下方，結構也很穩定。

以皮朝下的方式，將桃子放在砧板上。一邊將小菜刀壓在砧板上，一邊從右到左地筆直移動，削去果皮。

成年人的桃子芭菲

ホテル インターコンチネンタル 東京ベイ ニューヨークラウンジ（徳永純司）

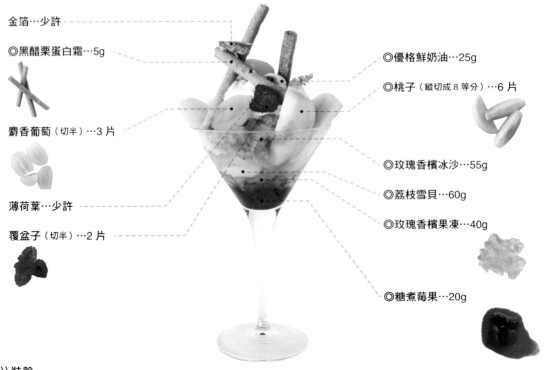

金箔…少許

◎黑醋栗蛋白霜…5g

麝香葡萄（切半）…3 片

薄荷葉…少許

覆盆子（切半）…2 片

◎優格鮮奶油…25g

◎桃子（縱切成 8 等分）…6 片

◎玫瑰香檳冰沙…55g

◎荔枝雪貝…60g

◎玫瑰香檳果凍…40g

◎糖煮莓果…20g

〉〉〉裝盤

放入糖煮莓果。

放入玫瑰香檳果凍。

放上 2 球荔枝雪貝。

在玻璃杯的對角線上各放上 3 片桃子。

用湯匙將玫瑰香檳冰沙弄碎，放在荔枝雪貝上。

以螺旋狀的方式在中央擠上 3 圈優格鮮奶油（星形擠花嘴·8 齒 10 號）。

依序放上 3 根黑醋栗蛋白霜、3 片麝香葡萄（切半）來當作裝飾。

放上 2 片覆盆子（切半）來當作裝飾。

放上薄荷葉來當作裝飾，透過竹籤來放上點綴用的金箔

◎黑醋栗蛋白霜

1 將蛋白 100g 放入攪拌盆中，加入細砂糖 200g 的約 1/3 分量。使用高速攪拌器將其打成泡沫。當泡沫變軟時，再加入 1/3 分量的細砂糖，打出泡沫。當細砂糖遍及全體後，加入剩下的 1/3 分量，確實地打到泡沫會尖尖立起來的程度。

2 加入黑醋栗果泥（Boiron 公司）70g，透過橡膠鍋鏟，用舀起的方式來輕快地攪拌。

3 放入裝上了口徑 6mm 圓形擠花嘴的擠花袋中，在鋪上了烘焙紙的烤盤上擠出長條狀的泡沫。放入 90℃的烤箱中 3 小時，將其烘乾。

4 將白巧克力 20g 和可可脂 20g 混合，透過隔水加熱來使其融化、混合。裝入糕點專用空氣噴槍中，噴在 **3** 上。使用時，要折成便於裝飾的長度。

◎優格鮮奶油

1 將發酵乳（「優格鮮奶油」*中澤乳業）200g、鮮奶油（「Cremezza45」中澤乳業）200g、檸檬汁 10g、細砂糖 40g 放入攪拌盆中，用高速攪拌器打發至 8 分硬度。

＊：只要使用手持式攪拌器或桌上型攪拌機就能打出泡沫的優格風味發酵乳。

◎玫瑰香檳冰沙

1 將水 180g、細砂糖 40g、轉化糖漿 5g 放入鍋中加熱，煮到稍微滾一會兒。

2 一邊讓鍋子與冰水接觸，一邊用橡膠鍋鏟攪拌，使其急速冷卻。加入香檳（玫瑰香檳）180g、刨成絲的橘子皮適量、刨成絲的檸檬皮適量、野草莓（冷凍·整顆）15g，攪拌均勻。

3 放入冷凍庫，結凍後，就事先用叉子概略地弄碎。

◎荔枝雪貝

1 將荔枝果泥（Boiron 公司）1kg、水 160g、荔枝利口酒（「DITA」）40g 混合，放入冰淇淋機中約 10 分鐘。

◎玫瑰香檳果凍

1 將水 450g、香檳（玫瑰香檳）200g、細砂糖 100g 放入鍋中加熱，把糖類攪拌均勻，使其溶解。

2 加入泡過冰水的明膠片 10g，使其溶解，並攪拌均勻（**a**）。

3 將材料移到調理盆內，一邊讓調理盆與冰水接觸，一邊用橡膠鍋鏟攪拌，使其急速冷卻（**b**）。冷卻後，加入檸檬汁 10g，攪拌均勻。一邊攪拌到果凍即將凝固，一邊繼續使其冷卻。

4 沿著調理盆邊緣慢慢地加入香檳（**c**）。如此一來，就能做出保留了香檳氣泡的果凍。為了避免氣泡消失，要用橡膠鍋鏟慢慢地攪拌。

5 為了避免氣泡消失，要用保鮮膜將表面緊密地包住（**d**），放入冰箱中冷藏，使其凝固。

◎糖煮莓果

1 把水 75g 和細砂糖 30g 放入鍋中加熱。煮到稍微滾一會兒後，就關火。加入覆盆子、藍莓、酸味櫻桃（Griotte）、野草莓（全都為冷凍）各 50g。

2 在冰箱內放置一晚。

在這道草莓芭菲中，優雅的骨董玻璃杯內高高地堆滿了京都產的女峰草莓。可愛的白色草莓花更加突顯出草莓的豔紅。
草莓芭菲中放了法國白起司和滋味醇厚的草莓冰淇淋。
透過加了草莓果凍、覆盆子醬汁、黑醋栗果泥的新鮮奶油來讓客人享受到各種莓果的酸味與甜味的漸層。

成年人的草莓芭菲

ホテル インターコンチネンタル 東京ベイ ニューヨークラウンジ（德永純司）

大量地使用了 15 顆草莓來製作的奢華草莓芭菲。也裝入了草莓冰淇淋與冰沙，讓人盡情品嘗草莓滋味。
為了更進一步地突顯草莓的美味，也使用了牛奶冰淇淋。在作為口感特色的糖粉奶油細末（Streusel）中，
使用了巧克力與榛果來提味，打造出成年人的口味。

草莓芭菲

デセール ル コントワール（吉崎人助）

草莓花朵…適量

◎黑醋栗鮮奶油…20g

草莓（女峰・整顆）…9 顆

◎黑醋栗鮮奶油…50g

草莓（女峰・切半）……9 片

◎法國白起司與草莓的冰淇淋…40g

◎杏仁焦糖…4g

◎覆盆子醬…22g

◎黑醋栗鮮奶油…25g

◎外交官奶油（Crème diplomate）…45g

草莓（女峰・縱切成 4 等分）…1 顆分

◎覆盆子醬…10g

◎草莓果凍…30g

〉〉〉裝盤

① 把草莓果凍放入玻璃杯中，倒入覆盆子醬。

② 放入縱切成 4 等分的草莓。

③ 擠入外交官奶油。

④ 用湯匙舀起黑醋栗鮮奶油，放入杯中。

⑤ 把覆盆子醬倒入杯中。

⑥ 撒上杏仁焦糖。

⑦ 用湯匙舀起肉丸子狀的法國白起司與草莓的冰淇淋，放入杯中。

⑧ 在冰淇淋周圍放上草莓來當作裝飾。

⑨ 擠上黑醋栗鮮奶油，覆蓋冰淇淋的側面。

⑩ 在冰淇淋的上面也擠上奶油。

◎黑醋栗鮮奶油

1 將鮮奶油打發，依照喜好的量加入黑醋栗果泥（Fruitiere 公司）。當草莓的酸味較強烈時，只要減少加入的量即可。

◎法國白起司與草莓的冰淇淋

1 在法國白起司冰淇淋（p.175）的步驟 **3** 中加入草莓果泥（Fruitiere 公司）180g，攪拌均勻，放入保存容器內，然後放進冷凍庫內，使其凝固。

◎焦糖杏仁

1 把鮮奶油（乳脂含量 35％）50g、細砂糖 150g、杏仁（切片）85g 放入調理盆中攪拌均勻。
2 在鋪上了烘焙紙的烤盤上，薄薄地鋪上 **1**，放入 180℃的烤箱中烤 20 分鐘。概略地弄碎。

◎覆盆子醬

1 把冷凍覆盆子 500g 和細砂糖 125g 放入鍋中，用 100℃的烤箱來進行解凍。
2 從烤箱中取出鍋子，開火，煮到稍微滾一會兒。關火，加入 **1** 小匙櫻桃白蘭地。

◎外交官奶油（Crème diplomate）

1 製作卡士達醬。
①把牛奶 500g 放入鍋中加熱。關火，把半根香草豆莢的種子取出，和豆莢一起放入鍋中。蓋上蓋子，讓香氣轉移。

②把 4 顆蛋黃放入調理盆中，依序加入細砂糖 100g、卡士達粉（poudre à crème）*40g，每次都要均勻地磨碎攪拌。
③逐次少量地將①加進②中混合。進行過濾，放回①的鍋中，用略強的中火來加熱。要時常地一邊用攪拌器來攪拌，一邊加熱到產生黏稠感。變得黏稠後，就換成橡膠鍋鏟，繼續攪拌。
④當進行攪拌的手突然感到很輕鬆時，就移到平坦的容器內，用保鮮膜將表面緊密地包住，放入冷凍庫內急速冷卻。
2 把鮮奶油（乳脂含量 35％）200g 和細砂糖 16g 混合，打發至 10 分硬度。
3 把 **1** 移到調理盆中，將其弄鬆，加入 **2**，輕快地攪拌。

＊：只要加入牛奶，就能做出卡士達醬的粉末。

◎草莓果凍

1 把冷凍草莓 1kg 和細砂糖 300g 放入鍋中，用 100℃的烤箱來進行解凍。
2 從烤箱中取出鍋子，開火，煮到稍微滾一會兒。沸騰後，立刻倒進篩子中，過濾湯汁。
3 從 **2** 中取出 100g，放入鍋中，加入 200g 的水。開火加熱，加入事先泡過冰水的明膠片 3g，使其溶解。
4 移到保存容器內，放入冰箱內冷藏，使其凝固。

以貼近步驟 **9** 中擠出的黑醋栗鮮奶油的方式，將 6 顆完整的草莓擺成 1 圈，當作裝飾。

在草莓的中央擠上少許的黑醋栗鮮奶油。

以貼近在步驟 **12** 中擠上的黑醋栗鮮奶油的方式，放上 3 顆完整的草莓。

在草莓之間放上草莓花朵來當作裝飾。

成年人的草莓芭菲

ホテル インターコンチネンタル 東京ベイ ニューヨークラウンジ（德永純司）

金箔…適量

榛果蛋白霜餅乾（p.111）…6g

◎草莓果醬…5g
◎牛奶冰淇淋…70g
◎草莓冰沙…35g

草莓（切半）…13 顆分

巧克力榛果口味的
糖粉奶油細末（p.80）
…15g

◎草莓冰淇淋…60g

草莓（切半）…2 顆分
◎草莓果醬…10g

〉〉〉裝盤

①	②	③	④	⑤
依序放入草莓果醬和草莓。	放上 2 球草莓冰淇淋。	將巧克力榛果口味的糖粉奶油細末放在冰淇淋上。	在冰淇淋和玻璃杯之間放入 2 顆份的草莓。	沿著玻璃杯的邊緣擺放剩下的草莓。

◎草莓果醬

1 將草莓 300g、野草莓（冷凍）100g、細砂糖 130g 加入鍋中，煮到稍微滾一會兒。
2 把鍋子放在冰水上，使其冷卻。

◎牛奶冰淇淋

1 將鮮奶油（乳脂含量 35%）100g、牛奶 350g、細砂糖 50g、轉化糖漿 20g、脫脂奶粉 30g 加入鍋中，煮到稍微滾一會兒。
2 把鍋子放在冰水上，使其冷卻，放入冰淇淋中約 10 分鐘。

◎草莓冰沙

1 將細砂糖 50g 和水 100g 放入鍋中煮沸。
2 加入草莓果泥（Boiron 公司）200g、檸檬汁 10g、野草莓（冷凍·整顆）60g。
3 立刻移到調理盆中，並將其放在冰水上，一邊用攪拌器將果肉弄碎，一邊攪拌。為了保留果肉口感，只需概略地弄碎即可。
4 放入冷凍庫內，冰到邊緣稍微結了一層冰的程度。取出，用攪拌器將結凍部分弄碎，進行攪拌，再次放入冷凍庫，使其結凍。

◎草莓冰淇淋

1 製作安格斯醬。
①將牛奶 500g、鮮奶油（乳脂含量 35%）100g、香草豆莢適量放入鍋中加熱，煮到快要沸騰。
②把蛋黃 100g 和細砂糖 130g 放入調理盆中磨碎攪拌均勻。
③一邊用攪拌器將②攪拌均勻，一邊倒入①。倒回鍋中，開小火，一邊加熱，一邊用橡膠鍋鏟不斷攪拌。等到產生黏稠感後，就關火。
2 用攪拌器將草莓 200g 概略地弄碎，和草莓果泥（Boiron 公司）50g、煉乳 50g 一起放入步驟 **1** 的鍋中混合，並將鍋子放在冰水上，使其冷卻。
3 放入冰淇淋機中約 10 分鐘。

⑥
在步驟 **5** 中排好的草莓中，放上草莓冰沙。

⑦
將牛奶冰淇淋裝進擠花袋中，擠出 3 圈（星形擠花嘴·8 齒 10 號）。

⑧
把草莓果醬淋在冰淇淋上。

⑨
放上榛果蛋白霜餅乾來當作裝飾。

⑩
放上金箔。

草莓聖多諾黑泡芙

ノイエ（菅原尚也）

靈感來自於將小型泡芙酥皮和鮮奶油堆疊而成的法式甜點「聖多諾黑泡芙」。

甜味強烈、直接吃也很好吃的新鮮草莓「甘王」，以及做成果凍和雪貝，帶有香氣、甜味與酸味的平衡度很好的「佐賀穗香」。

清爽的草莓搭配上以風味濃郁的奶油起司為基底的鮮奶油，讓整體的味道取得平衡。

草莓迷迭香口味的玫瑰色沙巴雍

アトリエ コータ（吉岡浩太）

由草莓和玫瑰氣泡酒組成的成年人口味草莓芭菲。酒精沒有揮發掉，而是確實地發揮了提味作用。
草莓部分包含了新鮮草莓和雪貝，紅酒則做成了果凍和雪貝。在一邊將蛋黃加熱，
一邊攪拌而成的沙巴雍醬汁中也加入了玫瑰氣泡酒，透過迷迭香來增添香氣。為草莓加上甘甜的香氣。

草莓聖多諾黑泡芙

ノイエ（菅原尚也）

法國茴香酒…適量
◎甘王草莓的醬汁…適量
草莓（甘王）…1 顆

開心果（生的・切碎）…少許
◎甘王草莓的醬汁…適量
◎奶油起司的慕斯…80g

◎白巧克力泡芙…3 個

開心果（生的・切碎）…少許
◎開心果義式冰淇淋…50g

◎鮮奶油…30g

◎佐賀穗香草莓雪貝…50g
法國茴香酒…適量
草莓（甘王・切成圓片與切丁）
…合計 20g
草莓（甘王・切成圓片）…25g

◎佐賀穗香草莓果凍…50g
◎岩鹽口味的酥餅碎（Crumble）
…少許
法國茴香酒…適量
草莓（甘王・切丁）…半顆分
◎甘王草莓的醬汁…5～10ml

〉〉〉裝盤

① 把甘王草莓的醬汁鋪在玻璃杯底，放入切丁的甘王草莓。

② 把法國茴香酒淋在草莓上。

③ 撒上酥餅碎（Crumble）。

④ 用湯匙將佐賀穗香草莓果凍弄碎，放入杯中。

⑤ 在玻璃杯的內側將切成圓片的甘王草莓貼成一圈。

⑥ 透過切成圓片和切丁的甘王草莓來覆蓋果凍，將法國茴香酒淋在甘王草莓上。

⑦ 用湯匙將佐賀穗香草莓雪貝弄碎，放在中央。

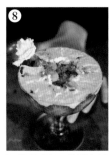

⑧ 沿著玻璃杯，將鮮奶油塞滿一圈。事先空出來放雪貝的中央部分。

⑨ 以類似削的方式，用湯匙來舀起開心果義式冰淇淋，疊在中央。

⑩ 撒上開心果。

◎甘王草莓的醬汁

1 把草莓（甘王）的放入攪拌機中打成泥狀。試試味道，若澀味和酸味太強烈的話，就加入糖漿。

◎奶油起司的慕斯

1 把糖粉 120g 加進事先在常溫下放到變軟的奶油起司 500g 中，用橡膠鍋鏟攪拌。

2 加入適量的檸檬汁與甘王草莓醬汁，攪拌均勻。若感覺很硬的話，就再添加鮮奶油，調整硬度。

◎白巧克力泡芙

1 將牛奶 190g、水 190g、奶油（切塊）170g、岩鹽 4g 加入鍋中，開小火，讓奶油融化。

2 一口氣加入篩好的低筋麵粉 225g，一邊用大火將水分消除，一邊攪拌。

3 攪拌成一團後，就移到攪拌盆內，一邊用低速的打蛋器來攪拌，一邊逐次少量地加入全蛋 150〜200g。試著將材料拿起來看看，若下下垂的前端呈現鋸齒狀的話，就停止加入全蛋。

4 在烤盤上擠出直徑 2.5cm 的麵團，放入 200℃ 的烤箱中約 20 分鐘。當麵團鼓起，形成想要的金黃色後，就將溫度降到 130℃，烘烤 30 分鐘。關掉烤箱的電源，直接放置約 1 小時，使其冷卻。

5 以隔水加熱的方式讓白巧克力融化，加入適量的岩鹽酥餅碎（p.167）。讓步驟 4 的泡芙裹上白巧克力。

◎開心果義式冰淇淋

1 把鮮奶油（乳脂含量 38％）500g、糖漿 450g、開心果泥（Babbi）80g、岩鹽 4g 混合。放入冰淇淋機中。

◎加了法國白起司的鮮奶油

1 將鮮奶油（乳脂含量 38％）打到略硬。若當天要用於芭菲的草莓的酸味或澀味很強烈的話，就加入馬斯卡彭起司鮮奶油，若草莓甘甜可口的話，就加入法國白起司，調整成清爽的味道。

◎佐賀穗香草莓雪貝

1 把草莓（佐賀穗香）放入攪拌機中打成泥狀。加入草莓重量約 60％ 的糖漿，以及少許檸檬汁來調整味道後，放入冰淇淋機中。

◎佐賀穗香草莓果凍

1 把草莓（佐賀穗香）300g、水 1kg、細砂糖 150g、少許紅酒混合，開火加熱，加入事先泡過冰水的明膠片 18g，使其溶解。

2 把鍋子放在冰水上，進行降溫，加入適量檸檬汁攪勻。放入冰箱中冷藏，使其凝固。

⑪ 在冰淇淋周圍等間隔地放上白巧克力泡芙。

⑫ 擠上奶油起司的慕斯（星形擠花嘴・8 齒 6 號），把泡芙與泡芙之間的空隙填滿。

⑬ 在芭菲頂部再擠上幾圈奶油起司的慕斯。

⑭ 淋上甘王草莓的醬汁，撒上開心果。

⑮ 放上草莓，依序將甘王草莓的醬汁、法國茴香酒淋在草莓上。

草莓迷迭香口味的玫瑰色沙巴雍

アトリエ コータ〔吉岡浩太〕

◎迷迭香風味的沙巴雍
　醬汁…45g

香草冰淇淋（p.77）…30g

◎草莓雪酪…30g

◎粉紅雪酪…40g

香草冰淇淋（p.77）…30g

草莓（縱切成8等分）…2.5顆分

◎鮮奶油（打發至7分硬度）…15g

◎粉紅果凍…90g

〉〉〉裝盤

① 製作迷迭香風味的沙巴雍醬汁（參照右頁）。

② 用湯匙將粉紅果凍弄碎，放入玻璃杯中。把鮮奶油放在果凍的中央。

③ 以圍繞鮮奶油的方式放上草莓。

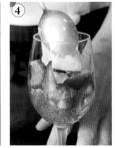

④ 舀起一球香草冰淇淋，放在草莓上。

⑤ 用湯匙把粉紅雪酪舀入杯中，透過湯匙的背面來將雪酪表面弄平。

◎迷迭香風味的沙巴雍醬汁

1 將蛋黃 30g 放入調理盆中攪勻，依序加入氣泡酒（粉紅）55g、細砂糖 15g 進行攪拌。加入迷迭香（**a**）。

2 將鍋中的熱水煮沸，一邊以隔水加熱的方式來加熱步驟 **1** 的調理盆，一邊用攪拌器不斷地攪拌（**b**）。

3 把蛋黃加熱到細緻黏稠的狀態後，就完成了（**c**）。

a

b

c

◎草莓雪酪

1 把草莓果泥（Boiron 公司）500g、糖漿（將相同比例的細砂糖和水混合，煮沸後冷卻而成）250g 混合。

2 做成跟粉紅雪貝 的步驟 **2** 一樣。

◎粉紅雪酪

1 把氣泡酒（粉紅）500g、糖漿（如同上述）200g 混合。

2 放入冰淇淋機中。攪拌到「顆粒變得很細，一垂下就會滴落」的程度。

◎鮮奶油

1 把等量的鮮奶油（乳脂含量 38%）和複合式鮮奶油（乳脂含量 18%‧植物性脂肪含量 27%「Gâteau Monter（Takanashi）」）混合，加入 10%的細砂糖，打發。

◎粉紅果凍

1 把氣泡酒（粉紅）400g 和水 100g 混合，進行加熱，加入事先泡過冰水的明膠片 9.9g，使其溶解。一邊攪拌，一邊將容器放在冰水上降溫，然後放入冰箱冷藏，使其凝固。

❻

舀起一球草莓雪酪，放在雪貝上。

❼

舀起一球香草冰淇淋，放在雪酪上。

❽

淋上迷迭香風味的沙巴雍醬汁。

❾
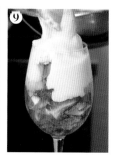
透過沙巴雍醬汁來填滿玻璃杯中的空隙，沿著玻璃杯邊緣倒入醬汁，直到快要滿出來。

裝滿各個時節最好吃的草莓，讓客人直接享用草莓的美味。草莓皆使用略大的 2L 尺寸。
只要切成兩半，就會剛好形成一口大小。直接放上帶有蒂頭的整顆草莓，咬下時，鼻子也會聞到草莓的味道。
雪貝中使用了各一半的「栃木少女」與「甘王」。

含有白草莓（淡雪）的 5 種草莓的芭菲

フルーツパーラー ゴトー（後藤浩一）

這道芭菲中使用了 5 種不同品種的大型草莓，數量為 8 顆。草莓總共堆疊成了 5 層，每層的品種都不同。
上面 2 層使用了很貴重的草莓，分別是名為「淡雪」的白草莓，以及還不太知名的新品種「章姬」。
在其下方，依序為，酸味紮實，且味道平衡度佳的「栃木少女」，以及香氣很棒的「紅艷香」，
最後則是甜味強烈的「甘王」，可以享受到味道的變化。

草莓芭菲

フルーツパーラーフクナガ（西村誠一郎）

發泡鮮奶油…適量
>>>當含有植物性油脂的奶油和水果比較搭時，會選擇複合式鮮奶油（乳脂含量 18％‧植物性脂肪含量 27％）。加入 20％的糖，將奶油打發至 10 分硬度。

草莓
（福岡縣產甘王）…1 顆

草莓
（栃木縣產栃木少女‧切半）
…3 片

草莓雪貝
（自製‧p.199）…30g

草莓
（栃木縣產栃木少女‧切半）
…2 顆分

牛奶冰淇淋
（市售商品）…30g
>>>使用乳脂含量 3％、植物性脂肪含量 2％、非乳脂固形物 8％的產品。透過清爽的味道來襯托出水果的甘甜與香氣。

草莓雪貝
（自製‧p.199）…30g

〉〉〉裝盤

❶ 把各一球的草莓雪貝和牛奶冰淇淋放入杯中。

❷ 用冰淇淋杓輕壓。

❸ 將整顆草莓切成兩半，以蒂頭朝下的方式放入玻璃杯中的對角線上。

❹ 把另一顆草莓切成兩半，這次以尖角朝下的方式來將草莓放在對角線上。

❺ 使用冰淇淋杓來挖取雪貝。

❻ 放在草莓上。

❼ 用冰淇淋杓和手將其壓平。

❽ 放上 3 片切半的草莓和一顆帶有蒂頭的完整草莓。

❾ 把發泡鮮奶油擠在中央。

關於草莓

這次使用了「甘王」和「栃木少女」。在「甘王」當中，蒂頭翹起來，肩膀部分挺拔的草莓會比較好吃。「栃木少女」則要挑選，肩膀呈現平緩下垂狀的草莓，會比較好吃。「栃木少女」主要使用栃木產，「甘王」主要使用福岡產。兩者皆為該品種所誕生的地點。在尺寸方面，皆選用大小適中、顆粒整齊、平衡度良好的產品。

雖然草莓的尖角較甜，蒂頭的部分較酸，但也有許多客人不知道這一點，許多人會想要拿著蒂頭，從前端吃起。在那種時候，我會說「反了喔」。接著又說「要把蒂頭拿掉，從蒂頭這端吃起喔」。（西村）

〉〉〉切草莓

① 用小菜刀將草莓的蒂頭剝下。

② 盡可能地切除蒂頭的根部。這樣一來，就能盡量不浪費果肉，並讓人品嘗到整體的味道。

③ 用左手拿著草莓，將草莓切成兩半。之所以不放在砧板上，是因為想要迅速地切，盡量不對草莓造成負擔。

裝盤的重點

在將草莓放入玻璃杯中時，無論是放在上方的草莓，還是切成兩半後，放在對角線上的草莓，只要讓原本是同一顆草莓的草莓片面對面，就能打造出左右對稱的美麗外表。

含有白草莓（淡雪）的 5 種草莓的芭菲

フルーツパーラー ゴトー（後藤浩 ）

淡雪（整顆）…1 顆
>>>切成兩半後，讓切口面對面，擺放成一顆完整草莓的形狀。之所以成兩半，是考慮到比較好入口，而且有些客人會兩人共享一份芭菲。

鮮奶油…適量
>>>將乳脂含量 47%的鮮奶油 240g 和乳脂含量 42%的鮮奶油 100g 混合，加入上白糖 40g、香草精數滴，打發至 9 分硬度。

章姬（切半）…1 顆分
鮮奶油（如同上述）…適量

栃木少女（切半）…1 顆分
鮮奶油（如同上述）…適量

紅艷香（切半）…2 顆分
鮮奶油（如同上述）…適量

甘王（切半）…3 顆分

草莓冰淇淋
（自製・P.203）…50g

香草冰淇淋
（高梨乳業）…40g

草莓果醬（自製）…10g
>>>把草莓切半，撒滿 30%的上白糖。放置一晚，等到水分流出後，就開火加熱。沸騰後，去除浮沫，轉成小火。一邊去除浮沫，一邊用小火煮約 1 小時，使醬汁變得黏稠。隔天，加入適量的白蘭姆酒，煮到稍微滾一會兒後，放涼備用。

〉〉〉裝盤

①
把草莓果醬放入玻璃杯底。

②
放入香草冰淇淋，用冰淇淋杓將其壓實。

③
放上一球草莓冰淇淋。

④
在冰淇淋周圍，以放射狀的方式擺放 3 顆分的切半「甘王」，呈現出花開的模樣。

⑤
在冰淇淋上擠上大約與草莓一樣高的鮮奶油（星形擠花嘴・6 齒・口徑 6mm）。

⑥
在鮮奶油上將 2 顆分的切半「紅艷香」排列成放射狀。

⑦
在草莓中央擠上高度大約和草莓一樣高的鮮奶油。

⑧
在鮮奶油上擺放 1 顆分的切半「栃木少女」。

⑨
與步驟 7、8 一樣地擠上鮮奶油，放上章姬。

⑩
在草莓之間擠上高度約和草莓一樣高的鮮奶油，放上切半的「淡雪」，並要讓切口面對面。

關於草莓

在草莓的盛產季，我們準備了可以邊吃邊比較3～5種草莓的芭菲。作為基底的是，甘王（福岡縣產）、栃木少女（千葉縣產）、紅艷香（千葉縣產）這3種草莓。這次也使用了身為「佐賀穗香」突變種的白草莓「淡雪」（千葉縣產）與市場上很少見的「章姬」（長野縣產）。

由於我們認為，一口咬住大型草莓是品嘗草莓芭菲的樂趣之一，所以我們在採購時，會指定要「甘王DX」這種最大的尺寸。其他品種也會同樣地採購大尺寸產品，但受到天候影響，有時會很難辦到。

「紅艷香」是透過JBB甜葉菊農法來培育「幸之香」後所形成的品種。此農法是使用了甜葉菊的土壤改良農法，與用一般栽培方式種出來的「幸之香」相比，香氣非常強烈，味道也很華麗。透過3種草莓來製作芭菲時，在位置方面，要將「紅艷香」放在最上面，讓人首先能享受到草莓的香氣。（後藤）

| 章姬 | 淡雪 | 栃木少女 | 紅艷香 | 甘王 |

〉〉〉切草莓

①

去除草莓的蒂頭，切成兩半後，把蒂頭周圍部分切除，使其呈現V字形。一邊去除又酸又硬的蒂頭周圍部分，一邊以不會浪費果肉的方式來切。另外，由於鮮奶油會確實地陷入V字形切口中，所以能夠穩定地裝盤。

裝盤的重點

在裝草莓前，要事先將所有草莓都切好並排好（左圖）。由於使用的品種與數量很多，所以為了避免搞混，訣竅在於，要依照品種來集中擺放。另外，切半的草莓片一定要擺在相鄰位置。會這樣說是因為，在裝盤時，要讓原本屬於同一顆草莓的草莓片面對面（右圖）。如此一來，就會形成左右對稱的美麗設計。（後藤）

栃木縣產天空草莓芭菲

タカノフルーツパーラー（森山登美男、山形由香理）

從年末到連假結束的這段期間，「タカノフルーツパーラー」店內推出了使用各種產地、品種的草莓製成的芭菲。
這道芭菲只使用栃木縣產「天空草莓」來製作。為了讓人直接品嘗到甘甜柔軟的天空草莓的美味，
所以採用以霜淇淋和草莓作為主體的簡約風格。

芒果芭菲

アステリスク（和泉光一）

醬汁的作法為，每當有客人點餐時，才把冷凍芒果和果泥放入攪拌機中，現打現做。

可以讓客人品嘗到現做的味道，當客人開始吃時，芭菲會融化到剛剛好的冰涼狀態。

這道芭菲會從 4～5 種冰淇淋當中挑選 2 種，所採用的構造為，將草莓與芒果雪酪搭配在一起，讓人盡情品嘗新鮮滋味。

栃木縣產天空草莓芭菲

タカノフルーツパーラー（森山登美男、山形由香理）

薄荷葉…少許

顆粒狀果凍…適量
>>>作法為，逐步少量地將果凍液加進冰涼的油中，使其凝固。等到果凍凝固後，請充分清洗後再使用。

發泡鮮奶油（打發至 8 分硬度）…適量
>>>由於脂肪含量過高的話，會過於濃郁，所以要將鮮奶油和植物性鮮奶油混合，打造出清爽的味道。糖分要少一點。

草莓（整顆・天空草莓・以下皆相同）…1 顆
草莓（雕花）…1 顆
草莓（切片）…1 顆分
草莓（切半）…1 顆分
草莓（縱切成 4 等分）…1 顆分
草莓雪貝（自製）…50g

草莓汁…適量
>>>用攪拌機把草莓打成泥狀。

發泡鮮奶油（如同左述）…適量

草莓果醬和覆盆子醬汁…適量
西式餡餅（省略解說）…適量
草莓戚風蛋糕（2cm 見方）…3 個
霜淇淋…100g
>>>這是向廠商特別訂製的產品，和水果一起吃會很好吃。甜度與乳脂含量都較低，味道很清爽。

草莓（切丁）…約半顆分
草莓果醬和覆盆子醬汁…適量

〉〉〉裝盤

① 把草莓果醬和覆盆子醬汁放入玻璃杯底。

② 把切丁草莓放入醬汁中。

③ 擠入霜淇淋。

④ 等間隔地擺放草莓戚風蛋糕。

⑤ 把西式餡餅放在中央。

⑥ 把草莓果醬和覆盆子醬汁淋在戚風蛋糕之間。

⑦ 沿著玻璃杯邊緣擠出一圈發泡鮮奶油。

⑧ 將草莓果泥淋在奶油上。

⑨ 放上 1 球草莓雪貝、草莓（整顆）、草莓（切半）。

⑩ 把草莓（切片）放在雪貝上。

關於天空草莓

這是在栃木縣所培育出來的品種。草莓尺寸如果過大，大多會不好吃，不過此品種卻是愈大愈好吃。另外，雖然柔軟的草莓大多不耐放，但天空草莓的特色在於，儘管果肉很柔軟，卻很耐放。（森山）

〉〉〉草莓切片

① 去除蒂頭。

② 用拇指和食指壓住草莓，插入小菜刀，將其切斷。

③ 重複步驟 2，將草莓切成 4～5 片。

〉〉〉草莓雕花

① 去除蒂頭，把果肉切成 V 字形，並稍微挪開。

② 繼續將挪開後的果肉切成 V 字形。

③ 把在步驟 2 中切成 V 字形的部分挪開。

⑪ 由上往下看，會看到這種狀態。

⑫ 把雕花草莓擺在切片草莓旁。

⑬ 為了填滿空隙，所以放上縱切成 4 等分的草莓來當作裝飾。

⑭ 擠上發泡鮮奶油（星形擠花嘴・5 齒 5 號）。

⑮ 放上顆粒狀果凍，使用薄荷葉來裝飾。

芒果芭菲

アステリスク（和泉光一）

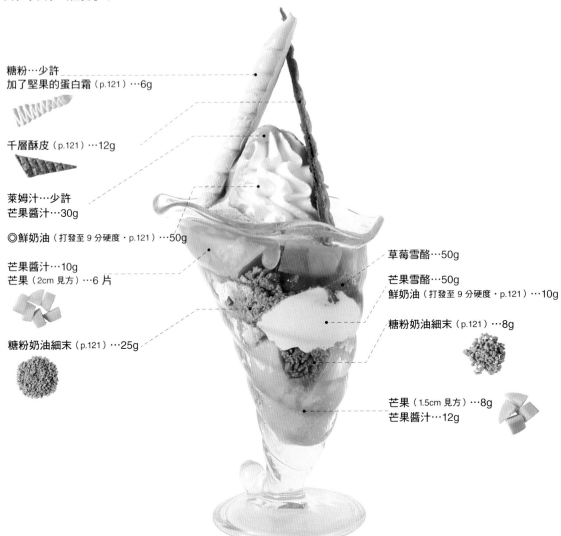

糖粉…少許
加了堅果的蛋白霜（p.121）…6g

千層酥皮（p.121）…12g

萊姆汁…少許
芒果醬汁…30g

◎鮮奶油（打發至9分硬度・p.121）…50g

芒果醬汁…10g
芒果（2cm 見方）…6 片

糖粉奶油細末（p.121）…25g

草莓雪酪…50g

芒果雪酪…50g
鮮奶油（打發至9分硬度・p.121）…10g

糖粉奶油細末（p.121）…8g

芒果（1.5cm 見方）…8g
芒果醬汁…12g

》》》裝盤

① 製作芒果醬汁。把芒果泥 40g 和冷凍芒果 20g 放入攪拌機中打成泥狀。

② 把步驟 1 的芒果醬汁 12g 放入玻璃杯中。

③ 放入切成 1.5cm 見方的芒果。

④ 放入糖粉奶油細末 8g。

⑤ 加入鮮奶油 10g。

◎鮮奶油（約 27 人份）

1 把乳脂含量 45％的鮮奶油 600g、乳脂含量 47％的鮮奶油 200g、乳脂含量 40％的鮮奶油 200g、脫脂濃縮乳 10g、細砂糖 70g、香草精 1g 混合，打成泡沫。

〜〜〜〜〜〜〜〜〜〜〜〜〜〜〜〜〜〜

◎草莓雪酪

1 把草莓果泥 960g 和檸檬汁 34.5g 混合。

2 把細砂糖 70.5g、轉化糖漿（Tremorine）66g、穩定劑（Vidofix）7.5g、水 73.5g 放入鍋中煮沸。倒入 1 中，攪拌均勻。

3 把容器放在冰水上，使其急速冷卻，加入義大利香醋 30g，攪勻。

4 放入冰箱內靜置一晚（黏性會提升，變得容易成形）。

5 放入冰淇淋機中。等到冰淇淋成形，而且達到空氣含量最低的狀態後，就將其取出，放入冷凍庫中保存。

◎芒果雪酪

1 把芒果泥 600g 和檸檬汁 22g 混合。

2 把細砂糖 198g、水飴 33g、穩定劑（Vidofix）1.3g、水 528g 放入鍋中煮沸，然後倒入 1 中攪勻，接著把容器放在冰水上，使其急速冷卻。

3 依照與草莓雪酪（上述）的步驟 4、5 相同的方式來製作。

放入各一球草莓雪酪和芒果雪酪。

加入糖粉奶油細末。

放上切成 2cm 見方的芒果，淋上芒果醬汁。擠上鮮奶油 50g（星形擠花嘴：10 齒 15 號）。

淋上芒果醬汁 30g，擠上萊姆汁。

讓糖粉奶油細末和加了堅果的蛋白霜靠在鮮奶油上。撒上糖粉。

玫瑰花束造型的芒果芭菲

カフェコムサ 池袋西武店（加藤侑季）

在這道很受歡迎的芭菲中，會透過柔軟的芒果來呈現美麗的玫瑰造型。醇和的芒果滋味搭配上焦糖口味的冰淇淋和醬汁。
為了做出美麗的玫瑰造型，用於中心的部分要切得較薄，用於周圍花瓣的部分則要切得稍微厚一點。
另外，用於製作花蕊中央的切片則要取自於果肉最厚的部分，只要呈現出高度，就能做出美麗的造型。

宮崎縣產芒果芭菲

タカノフルーツパーラー（森山登美男、山形由香理）

這道芭菲大量使用了在樹上熟透後再採收的宮崎縣產高級芒果。宮崎縣產芒果的特徵在於細膩的甜味。
為了發揮其味道，所以會搭配上風味濃郁且帶有甘甜香氣的椰子口味牛奶凍（blanc-manger）。
芒果也會做成雪貝、冰沙、醬汁，裝入杯中，讓客人盡情品嘗芒果滋味。

玫瑰花束造型的芒果芭菲

カフェコムサ 池袋西武店（加藤侑季）

冷凍乾燥的覆盆子…適量

開心果（切碎）…適量

覆盆子…2 顆

芒果（薄片）…約半顆分

鮮奶油（乳脂含量 38%）…約 15g
>>>加入 0.5% 的糖，打發至 8 分硬度。

焦糖冰淇淋（市售）…100g
焦糖醬…適量
鮮奶油（上述）…10g

芒果（薄片）…適量

派皮…17g
杏仁切片（烘烤）…3g
>>>事先混合。

芒果（切丁）…適量

>>> 裝盤

① 製作大小各一朵玫瑰造型的芒果。首先，把用來當作花蕊的芒果切片捲起來。

② 直立地放在鋪上了廚房紙巾的砧板上。

③ 把從最邊緣切出來的 2 片芒果捲起來，做成包住花蕊周圍的部分。

④ 一邊將作為花蕊周圍部分的 3 片芒果挪動，一邊從小片的先捲。捲出 2 個大小不同的圓形部分。

⑤ 把芒果丁放入玻璃杯中，一邊將派皮和杏仁切片弄碎，一邊放入杯中。擠上一圈鮮奶油。

⑥ 把芒果薄片貼在玻璃杯內側。把烘焙紙捲成圓錐狀，放入焦糖，將其擠在芒果上。

⑦ 使用冰淇淋杓來舀起焦糖冰淇淋，塞進杯中。

⑧ 擠上鮮奶油，覆蓋表面。

⑨ 用小菜刀將表面抹平。

⑩ 放上大朵和小朵的玫瑰造型芒果。

⑪

把 2 片芒果折彎，放在玫瑰造型芒果之間當作葉子。

⑫

在步驟 11 中作為葉子的芒果片的對面放上另一片芒果。

⑬

想像花瓣打開的模樣，把玫瑰造型芒果片的邊緣稍微朝外側打開來。

⑭

放上覆盆子來當作裝飾。

⑮

把開心果及冷凍乾燥的覆盆子撒在玫瑰造型芒果之間。

◎關於芒果

雖然在這道芭菲中，使用了味道與果肉品質很穩定的蘋果芒果，但秋季的蘋果芒果的纖維較粗，即使捲起來，也不易形成玫瑰造型，若折彎的話，就會裂開。由於泰國芒果呈現細長狀，所以不易做成玫瑰造型，故不使用。想要將芒果切成「可以擺放得很均衡」的尺寸是相當困難的，在熟練之前，必須多加練習。（加藤）

〉〉〉切芒果

①

讓小菜刀迅速地從有蒂頭那邊朝著底部滑動，削去果皮。

②

一邊注意不要讓刀子碰到位於果肉中央的平坦狀果核，一邊切出 3 片果肉。

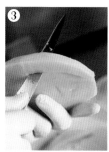

③

避開位於中間那片果肉中央的果核，切下果肉。將切下來的果肉切成丁狀，當成要放入玻璃杯底的部分。

④

在步驟 2 中切下的 1 片果肉就是一人份。斜斜地將蒂頭側的邊緣切除。

⑤

從邊緣切出非常薄的芒果片。從邊緣切下的 2 片果肉要用來當作小朵玫瑰花蕊周圍的部分，接下來的 2 片則是包住大朵玫瑰花蕊的部分。

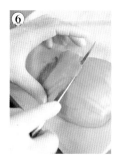

⑥

切出比步驟 5 稍微厚一點的 3 片果肉，當成小朵玫瑰花蕊周圍的花瓣。

⑦

切出與步驟 6 一樣厚的 4 片果肉，當成大朵玫瑰花蕊周圍的花瓣。

⑧

切出 2 片與步驟 5 一樣厚的果肉，把較大那片做成大朵玫瑰的花蕊中心部分，較小那片則做成小朵玫瑰的花蕊中心部分。

⑨

切出 3 片與步驟 6 一樣厚的果肉，當成葉子。

⑩

把剩下的果肉斜切成薄片，當成要貼在玻璃杯內側的部分。

宮崎縣產芒果芭菲

タカノフルーツパーラー（森山登美男、山形由香理）

薄荷葉⋯適量

顆粒狀果凍⋯適量
>>>作法為，逐步少量地將果凍液加
進冰涼的油中，使其凝固。等到果凍
凝固後，請充分清洗後再使用。

發泡鮮奶油（打發至 8 分硬度）
⋯適量
>>>由於脂肪含量過高的話，會過於
濃郁，所以要將鮮奶油和植物性鮮奶
油混合，打造出清爽的味道。糖分要
少一點。

芒果皮⋯適量
芒果⋯6 片
芒果雪貝⋯80g
>>>芒果醬汁（下述）中什麼都不
加，放入冷凍庫中使其結凍。

芒果汁⋯適量
>>>將芒果放入攪拌機中打成泥狀
後，再進行過濾。

發泡鮮奶油（左述）⋯適量

芒果冰沙⋯100g

椰子口味牛奶凍⋯30g
>>>把椰漿和牛奶混合，添加少許甜
味，透過明膠來使其慢慢變硬。

芒果（一口大小）⋯2 片
芒果汁⋯5ml

〉〉〉裝盤

① 把芒果醬汁倒入玻璃杯
底，將切成一口大小的
芒果放入醬汁中。

② 用湯匙舀起椰子口味牛
奶凍，放入玻璃杯中

③ 放上芒果冰沙。

④ 沿著玻璃杯擠上一圈發
泡鮮奶油。

⑤ 用湯匙將芒果醬汁淋在
發泡鮮奶油上。

⑥ 用冰淇淋杓舀起芒果雪
貝，放在玻璃杯的後
側。以放射狀的方式把
4 片芒果擺放在前方。

⑦ 在步驟 6 中擺放的芒果
上再放上 2 片芒果，並
將切成同樣大小的芒果
皮放在其中一片上。

⑧ 在頂部擠上少許發泡鮮
奶油（星形擠花嘴・5 齒
5 號）

⑨ 放上顆粒狀果凍，使用
薄荷葉來裝飾。

50

關於芒果

由於宮崎縣產芒果是在樹上熟透的,所以採購後,要盡快使用完畢。在「タカノフルーツパーラー」這家店內,會依照各品種的盛產季,使用不同芒果來製作芭菲,像是沖繩縣、北海道、千葉縣、岡山縣等地的國產芒果,以及泰國、巴西、秘魯、墨西哥等外國產芒果。雖然國產芒果會採購熟透狀態的產品,但外國產芒果大多尚未成熟,必須在果皮還是綠色時就進行催熟。依照

芒果品種,最佳食用時機的標準也不同,肯特(Kent)芒果為整體帶有橘色,卡拉巴歐(Carabao)芒果則要等到整體變黃。雖然綠芒果不會變色,但只要拿起來摸摸看,若覺得很軟的話,就可以吃了。不過,要辨別最佳食用時機是相當難的,還是透過試吃的方式來確認吧。(山形)

〉〉〉切芒果

①從蒂頭側入刀,一邊避開位於果肉中央的平坦狀果核,一邊用畫曲線的方式來切。

②在果核下側,也用同樣的方式來切,將果肉切成 3 片。兩端的 2 片果肉用來擺放在芭菲內。把中間那片的果核和果皮去除後,將果肉用於製作冰沙與醬汁。

③一邊拿著小菜刀,一邊確實地將刀子壓在砧板上,將刀子前端插進果皮的稍為上方處。一邊固定住小菜刀的位置,一邊轉動果肉,將果皮削下。

④轉動 3~4 圈,剝下所有果皮。

⑤切成兩半。

⑥繼續將 5 斜切成 4~5 等分。只要採用斜切方式,擺放時,就會呈現美麗的放射狀。

⑦在步驟 6 切下的果肉當中,把邊緣的那片果肉切成一口大小,用於放入玻璃杯底。

⑧斜切出一片果皮,用於裝飾。

切芒果時的重點

在切芒果時,藉由讓小菜刀緊緊地貼在砧板上,就能漂亮地將皮剝下。

○手位於砧板外,小菜刀要確實地緊貼在砧板上。

×小菜刀的前端懸空。

×靠近手這邊的小菜刀呈現懸空狀態。

×手放在砧板上,小菜刀沒有緊貼在砧板上。

葡萄芭菲

フルーツパーラーフクナガ（西村誠一郎）

會在 10 月上市的季節限定芭菲。使用了味道濃郁且顏色很深的康拜爾葡萄、貝利 A 葡萄、司特本葡萄等。
重點在於，花費 4 天製作而成，且味道很濃郁的雪貝。杯中裝盛了 5～6 種葡萄。玻璃杯中放入了，
可以連皮一起吃且事先切好的黑葡萄・綠葡萄各 1 種，其上方再放上整顆的 2 種黑葡萄、2 種綠葡萄、1 種紅葡萄。

麝香葡萄與貓眼葡萄芭菲

タカノフルーツパーラー
（森山登美男、山形由香理）

這道芭菲裝滿了許多可以連皮一起吃的麝香葡萄，以及去皮的貓眼葡萄。
玻璃杯中也裝了大量的葡萄冰沙，以及葡萄雪貝、清爽的優格冰淇淋，讓人可以盡情享用葡萄的清爽滋味。

葡萄芭菲

フルーツパーラーフクナガ（西村誠一郎）

貓眼葡萄（把皮剝成花朵狀）…1 顆

發泡鮮奶油…適量
>>>當含有植物性油脂的奶油和水果比較搭時，會選擇複合式鮮奶油（乳脂含量 18%，植物性脂肪含量 27%）。加入 20%的糖，將奶油打發至 10 分硬度。

皮特羅葡萄
（Pizzutello Bianco）…1 顆

奧林匹亞葡萄…1 顆

麝香葡萄…1 顆

巨峰葡萄…1 顆

葡萄雪貝（自製）…40g

長野紫葡萄（縱向切半）…2 片

麝香葡萄（縱向切半）…2 片

牛奶冰淇淋（市售）…40g
>>>使用了乳脂含量 3%、植物性脂肪含量 2%、非乳脂固形物 8%的產品。透過清爽的味道來襯托葡萄的甘甜與香氣。

葡萄雪貝
（自製・p.201）…40g

>>> 裝盤

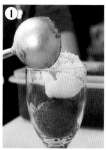

依序將葡萄雪貝和牛奶冰淇淋放入玻璃杯中。用冰淇淋杓按壓，將雪貝塞進玻璃杯底。

把麝香葡萄和長野紫葡萄切成兩半，各自放在對角線上，並讓剖面朝向外側。

舀起葡萄雪貝，放入玻璃杯中，用冰淇淋杓把表面壓平。

放上巨峰葡萄、奧林匹亞葡萄、皮特羅葡萄、麝香葡萄。將中央部分空出來，讓每顆葡萄的底部朝向外側。

把發泡鮮奶油擠在步驟 4 事先空出來的位置。

把果皮被剝成花朵狀的貓眼葡萄放在發泡鮮奶油上。

關於葡萄

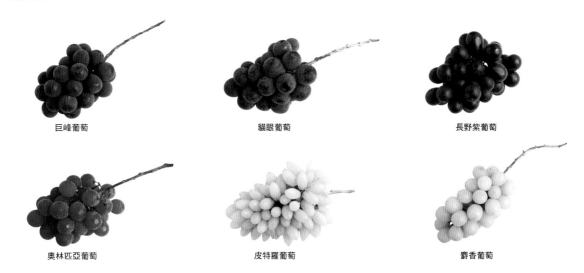

巨峰葡萄 　　　　　 貓眼葡萄 　　　　　 長野紫葡萄

奧林匹亞葡萄 　　　　 皮特羅葡萄 　　　　 麝香葡萄

以巨峰葡萄、貓眼葡萄、長野紫葡萄、麝香葡萄這些受歡迎，且能夠穩定進貨的品種為基礎，搭配上 2～3 種罕見品種。此外，也會使用戈爾比葡萄、白羅莎里奧葡萄、瀨戶巨人葡萄、黃華、盧貝爾麝香葡萄、翠峰等偶爾取得的品種。雖說都是葡萄，但果皮顏色可以分成黑、紅、綠。有的連皮一起吃比較好吃，有的則需要剝皮。由於味道與口感都不一樣，所以會將各種葡萄裝進芭菲中，讓客人品嘗到其差異。

〉〉〉將貓眼葡萄的果皮剝成花瓣狀

 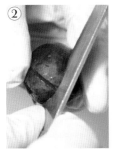 

① 把貓眼葡萄的蒂頭周圍部分切除。

② 在底部淺淺地劃出十字形切口。

③ 透過小菜刀和右手拇指來將切成十字形的果皮夾住，把果皮剝開到大約果肉一半的高度。

麝香葡萄與貓眼葡萄芭菲

タカノフルーツパーフー（森山登美男、山形由香理）

裝飾用的泡芙酥皮…1 個
>>>把泡芙酥皮的麵糊裝進擠花袋中，使用很細的擠花嘴來擠出葡萄藤蔓的形狀，然後烤成泡芙酥皮。

顆粒狀果凍…適量
>>>作法為逐步少量地將果凍液加進冰涼的油中，使其凝固。等到果凍凝固後，請充分清洗後再使用。

發泡鮮奶油（打發至 8 分硬度）…適量
>>>由於脂肪含量太高的話，會過於濃郁，所以混合使用鮮奶油和植物性鮮奶油來做出清爽的味道。糖度要低一點。

麝香葡萄（雕花）…1 顆分
麝香葡萄（縱向切半）…1 顆分
貓眼葡萄（去皮後，縱向切半）…1 顆分
麝香葡萄…1 顆
貓眼葡萄（去皮）…3 顆
葡萄雪貝…50g
>>>將葡萄連皮一起放入攪拌機中打成果泥，過濾後，加入糖漿，放入冰淇淋機中做成雪貝。

優格冰淇淋…30g
>>>甜度較低的清爽產品。

貓眼葡萄汁…適量
>>>把無籽的貓眼葡萄連皮一起放入攪拌機中後，過濾而成。

葡萄冰沙…100g
>>>把用於製作雪貝的相同葡萄汁凍起來。

酸奶油慕斯…20g
>>>把發泡鮮奶油加到酸奶油中，攪拌均勻，添加少許甜度。

葡萄與紅酒的果凍…10g
>>>將葡萄汁和紅酒混合，然後加熱，讓酒精成分揮發掉。加入泡過水的明膠，然後進行冷藏，使其凝固。

麝香葡萄（縱向切半）…半顆分
貓眼葡萄汁…5ml
>>>把帶皮的貓眼葡萄放入攪拌機中打成泥狀後，進行過濾。

〉〉〉裝盤

①	②	③	④	⑤

把貓眼葡萄汁放入玻璃杯底。	放入葡萄與紅酒的果凍。	把酸奶油慕斯放入裝上了圓形擠花嘴的擠花袋中，將慕斯擠在果凍上。沿著玻璃杯開始擠，只要以螺旋狀的方式擠到中央，就能做出漂亮的慕斯層。	放上葡萄冰沙。	沿著玻璃杯擠上一圈圓形的發泡鮮奶油（5 齒 5 號的星形擠花嘴）。

關於貓眼葡萄

當葡萄表面出現名為果粉的白粉時，味道又甜又好吃，而且新鮮度也很好。由於葡萄是不用催熟的水果，所以進貨後，請盡快使用完畢吧。（森山）

關於麝香葡萄

綠色較深、顆粒大、形狀一致的葡萄會很好吃。（森山）

〉〉〉剝葡萄皮

①

切除蒂頭周圍部分。

②

在底部劃出淺淺的十字形切口。

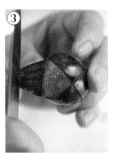

③

用菜刀和手指夾住十字形切口旁邊，用力拉，把皮剝下。

⑥

用湯匙將貓眼葡萄汁淋在發泡鮮奶油上。

⑦

放上葡萄雪貝和優格冰淇淋。把 3 顆貓眼葡萄放在兩者之間。

⑧

放上剩下的葡萄。

⑨

將少許發泡鮮奶油擠在頂部。

⑩

把顆粒狀果凍放在發泡鮮奶油上，插上泡芙酥皮。

葡萄寶石芭菲 ～佐開心果義式冰淇淋～

パティスリィ アサコ イワヤナギ
（岩柳麻子）

在這道芭菲中，會透過白葡萄的綠色、紅葡萄的紫色這兩種顏色來漂亮地整合色調。
義式冰淇淋使用了顏色鮮豔的貓眼葡萄和色調很雅致的開心果這兩種口味。
搭配上透過葛粉來凝固而成的彈牙果凍，以及味道清爽的檸檬果凍。

葡萄與榛果糖

パティスリー ビヤンネートル（馬場麻衣子）

在這道芭菲中，使用葡萄的清爽酸味來搭配榛果糖的濃郁風味。
透過加了丁香的糖粉奶油細末、散發香草豆莢香氣的義式冰淇淋，來增添甘甜芳香的要素，使味道產生深度。
藏在底部的柑橘果凍帶有柑橘獨有的清爽感，能讓人對葡萄的清爽滋味留下更深的印象。

葡萄寶石芭菲 ～佐開心果義式冰淇淋～

パティスリィ アサコ イワヤナギ（岩柳麻子）

葡萄（麝香葡萄・帶皮・無籽）
…1 顆

葡萄（貓眼葡萄・帶皮・無籽）
…1 顆

葡萄（陽光葡萄 Sunny Dolce・帶皮・無籽）
…1 顆

◎葡萄口味義式冰淇淋…50g

◎開心果口味義式冰淇淋…50g

開心果（生的・概略切碎）*1…3g

濃稠發酵奶油（Creme Epaisse）*2…20g

葡萄（麝香葡萄・帶皮・無籽）
…1 顆

葡萄（陽光葡萄 Sunny
Dolce・帶皮・無籽）
…6 顆

◎葡萄葛粉凍…65g

葡萄（麝香葡萄）…1 顆

葡萄（貓眼葡萄・
用熱水去皮・無籽）…4 顆

◎檸檬果凍…40g

◎葡萄醬汁…20g

*1：將生的開心果放入冷凍庫保存，直接使
用冷凍的開心果。
*2：使用「濃稠發酵奶油」（高梨乳業）。

〉〉〉裝盤

| ① | ② | ③ | ④ | ⑤ |

把葡萄醬汁放入玻璃杯底。

疊上檸檬果凍。

放入用熱水去皮的 4 顆貓眼葡萄，把 1 顆麝香葡萄放在正中央。

疊上葡萄葛粉凍。

將 6 顆麝香葡萄和 1 顆陽光葡萄沿著玻璃杯擺放。

◎葡萄口味義式冰淇淋

1 把帶皮的無籽貓眼葡萄或巨峰葡萄放入「將食品用漂白劑稀釋 600 倍後所製成的殺菌水」中浸泡 30 分鐘，然後用水沖洗乾淨。連皮一起放入攪拌機中打成滑順的果泥。

2 把 1 的果泥 1.5kg、水 670g、龍舌蘭糖漿 540g、檸檬汁 30g、穩定劑（Comprital 公司的「雪貝穩定劑」）6g 放入攪拌機中，攪拌成滑順狀。

3 放入冰淇淋機中 18～20 分鐘。

◎開心果口味義式冰淇淋

1 把開心果（使用西西里島・布龍泰產開心果。不使用食用色素和防腐劑。Foodliner 公司製造）110g、龍舌蘭糖漿 30g、牛奶穩定劑（p.12）1.5kg 放入攪拌機中，攪拌成滑順狀。

2 放入冰淇淋機中 18～20 分鐘。

◎葡萄葛粉凍

1 把葡萄汁（山梨產）1kg、葛粉 160g、三溫糖 250g、水 1kg 混合，讓葛粉和三溫糖溶解。

2 移至鍋中，開火加熱，一邊煮一邊不停地用木鍋鏟攪拌。當整體變成半透明後，移至保存容器內，在常溫下放涼。放入冰箱內冷藏，使其凝固。

◎檸檬果凍

1 把細砂糖 100g 和果凍粉 26g 混合。

2 把水 600g 加入鍋中，加進 1，攪拌至溶解。

3 開火，煮到稍微滾一會兒後，加入檸檬汁 200g。再次煮沸，然後關火，冷卻後，放入冰箱內冷藏，使其凝固。

◎葡萄汁

1 將葡萄果泥（左述「葡萄口味義式冰淇淋」）1kg、覆盆子（冷凍・整顆）1.1kg、海藻糖 700g、NH 果膠 4g、細砂糖 240g、水飴 240g 全部放入鍋中攪拌，煮到稍微滾一會兒。

芭菲與搭配的飲料

在供應芭菲時，會和飲料組成套餐。在此套餐中，會搭配上使用同樣用於製作芭菲的山梨縣產葡萄、康科特葡萄製成的葡萄汁。透過澀味、酸味、甜味都很濃郁的葡萄汁，就能更進一步地深深品嘗到葡萄的美味。

把濃稠發酵奶油放在中央，使其撲通一聲地落下。

撒上開心果。

疊上各一球開心果義式冰淇淋與葡萄義式冰淇淋。

放上麝香葡萄、貓眼葡萄、陽光葡萄各 1 顆，再次撒上開心果。

葡萄與榛果糖

パティスリー ビヤンネートル（馬場麻衣了）

◎巧克力口味法式薄餅…10g

糖粉…適量
開心果（生的‧切碎）…適量
◎榛果糖醬…5g

葡萄（貓眼葡萄‧用熱水去
皮）…1 顆
葡萄（德拉瓦葡萄‧帶皮）
…5 顆

◎鮮奶油（打發至 7 分硬度）…25g

◎丁香口味的糖粉奶油細末
…8g

葡萄
（紅玫瑰王葡萄‧帶皮‧切半）…2 片

葡萄
（麝香葡萄‧帶皮‧切半）…2 片

◎貓眼葡萄雪酪…60g

◎榛果糖醬…5g

千層酥皮（省略解說）…5g

◎香草義式冰淇淋…40g

葡萄（紅玫瑰王葡萄‧帶皮‧切半）
…2 片

葡萄（麝香葡萄‧帶皮‧切半）
…2 片

◎堅果糖口味義式奶酪…40g

◎橘子果凍…40g
◎葡萄醬汁…15g

①把葡萄醬汁鋪在玻璃杯底，將橘子果凍放入玻璃杯的其中半邊。

②把堅果糖口味義式奶酪放在橘子果凍旁。

③均衡地放入 2 種葡萄，讓人可以從外側看到。

④用冰淇淋杓舀起香草義式冰淇淋，放入玻璃杯中。

⑤將已弄碎的千層酥皮放在義式冰淇淋上。

⑥淋上榛果糖醬。

⑦用冰淇淋杓舀起貓眼葡萄雪酪，放在義式冰淇淋上。

⑧將 2 種葡萄均衡地擺放在雪酪和玻璃杯之間。

⑨把丁香口味的糖粉奶油細末放在雪酪上。

⑩將鮮奶油擠在雪酪和葡萄上（口徑 12mm 的圓形擠花嘴）。

⑪把 2 種葡萄放在前側。

⑫把榛果糖醬淋在鮮奶油上。

⑬把開心果放在鮮奶油上，撒上糖粉。

⑭將巧克力口味法式薄餅插在鮮奶油的對面。

◎巧克力口味法式薄餅

1 把牛奶巧克力（嘉麗寶）180g、榛果糖 20g 混合，用隔水加熱的方式來使其融化。
2 加入法式薄餅碎片（「皇家薄餅碎片」DGF）100g，用橡膠鍋鏟慢慢攪拌。
3 把 2 片 Silpat 烘焙墊的背面當作內側，將 **2** 夾住，用擀麵棍將其擀成 3mm 厚。放入冷凍庫，使其變硬。

◎榛果糖醬

1 把洗雙糖 60g 放入鍋中加熱。洗雙糖融化後，就轉動鍋子，使其均勻地變焦。當鍋中開始冒煙，泡沫上升到鍋子邊緣後，就加熱到泡沫變得穩定並下降。由於想要使其確實帶有苦味，所以冒煙後，還要暫時加熱一下，使其焦化。
2 事先將鮮奶油（乳脂含量 38%）40g 加熱，逐步少量地加進 **1** 中。每次都要用攪拌器充分攪拌，使其乳化。
3 把牛奶 110g 加熱，逐步少量地加進 **2** 中，用攪拌器來攪拌。接著，加入榛果糖 300g，用攪拌棒進行攪拌，確實地使其乳化。

◎鮮奶油

把鮮奶油（乳脂含量 41%）420g、鮮奶油（乳脂含量 35%）180g、洗雙糖 36g 混合，慢慢地打發。「由於打發至太硬的話，油份容易殘留在口中」（馬場），所以要控制在勉強能夠維持形狀的軟度。

◎丁香口味的糖粉奶油細末

作法為，把 p.182「肉桂口味糖粉奶油細末」中的肉桂粉換成丁香粉。

◎貓眼葡萄雪酪（成品約 2L）

1 把葡萄（無籽的貓眼葡萄）1kg、葡萄糖 125g 放入耐熱盒中，然後放進蒸氣量 100%‧溫度 90℃ 的蒸氣對流烤箱中加熱 30 分鐘。
2 把洗雙糖 240g 和穩定劑（Vidofix）6g 磨碎並混合，逐步少量地加入水 630g 和檸檬汁 25g，攪勻。加熱煮沸後，放涼備用。
3 把 1 和 2 混合，放入攪拌機中打成滑順狀。放入冰淇淋機中 5～6 分鐘。

◎香草義式冰淇淋（成品約 2 公升）

1 把鮮奶油（乳脂含量 41%）390g、脫脂奶粉 90g、洗雙糖 140g、牛奶 230g、香草精 3g 放入鍋中加熱，在快要沸騰前關火。此時，要先將香草豆莢的籽和豆莢分開，再把兩者加入鍋中。
2 在常溫下將 **1** 放涼後，加入黃色穩定劑＊1160g，攪勻。放入攪拌機中，打成滑順狀。
3 過濾後，放入冰淇淋機中 5 分鐘。

＊：把洗雙糖 330g、鮮奶油（乳脂含量 41%）350g、牛奶（乳脂含量 3.6%、「高梨牛乳 3.6（高梨乳業）」）1800g、脫脂奶粉 55g、蛋黃 165g 混合，用 86℃ 以上的溫度加熱 1 分鐘以上，放涼備用。

◎堅果糖口味義式奶酪

1 把牛奶 700g、鮮奶油（乳脂含量 35%）300g、洗雙糖 100g 放入鍋中加熱。
2 當內側鍋緣咕嘟咕嘟地沸騰後，加入泡過冰水的明膠片 17g，使其溶解。
3 把榛果糖 150g 放入調理盆中，然後將 **2** 濾進此處。
4 用攪拌棒進行攪拌，使其乳化，放入冰箱內冷藏，使其凝固。

◎橘子果凍

1 把水 590g、蜂蜜 160g、洗雙糖 48g、檸檬汁 20g 放入鍋中加熱。
2 當內側鍋緣咕嘟咕嘟地沸騰後，加入泡過冰水的明膠片 17g，使其溶解。
3 將 2 進行過濾，加入糖漬柑橘皮（「油封柑橘（梅原）」薄切片）48g。一邊把鍋子放在冰水上，一邊用橡膠鍋鏟來攪拌，使其冷卻，當濃稠度達到糖漬柑橘皮不會沉入底部的程度後，就移到容器內。放入冰箱內冷藏，使其凝固。

◎葡萄醬汁

1 把葡萄（無籽貓眼葡萄）500g、紅酒 140g、肉桂粉 1g 放入鍋中加熱，煮到沸騰後，轉成小火，煮到果皮與果肉分離的程度。
2 把洗雙糖 160g 和果凍粉 4g 磨碎混合，加進 **1** 中。煮到稍微滾一會兒後，用攪拌棒攪拌成滑順狀。

帶有 3 種風味的無花果芭菲

カフェコムサ 池袋西武店（加藤侑季）

這道芭菲的風格為，裝滿了 3 種無花果，可以邊吃邊比較。無花果選用的是，柔軟黏稠的「豐蜜姫」、
香氣與味道很濃郁的「金色三葉草」、嬌嫩的「莫札特無花果」這 3 種。只搭配上香草冰淇淋、派皮、鮮奶油，
透過簡單的組合來讓人關注無花果的味道差異。

帶有 3 種風味的無花果芭菲

カフェコムサ 池袋西武店（加藤侑季）

無花果
（莫札特無花果・切成 4 等分的半月形）
…1 片

無花果
（豐蜜姬・切成 8 等分的半月形）
…1 顆分

黑無花果
（金色三葉草・切成 6 等分的半月形）
…1 顆分

鮮奶油（乳脂含量 38%）…15g
>>>加入 0.5% 的糖，打發至 8 分硬度。

香草冰淇淋
（高梨乳業）…100g

無花果（豐蜜姬・切成薄片）
…1/4 顆分

鮮奶油（左述）…10g

派皮…17g
杏仁切片（烘烤）…3g
>>>事先混合。

無花果
（豐蜜姬・切成 4 等分的半月形）
…1 片

>>> 裝盤

❶ 把 1 片切成半月形的豐蜜姬無花果放入玻璃杯底。

❷ 一邊將派皮和杏仁切片弄碎，一邊放入杯中。

❸ 沿著玻璃杯擠上一圈鮮奶油。

❹ 在玻璃杯的側面上把切成薄片的豐蜜姬無花果貼成一圈。

❺ 塞入香草冰淇淋，用冰淇淋杓的背面來按壓，把空隙填滿。

❻ 把鮮奶油擠成漩渦狀，覆蓋表面。

❼ 用小菜刀來將鮮奶油的表面抹平。

❽ 沿著玻璃杯的邊緣，將切成半月形的豐蜜姬無花果排列成放射狀。

❾ 以同樣的方式把金色三葉草擺在豐蜜姬無花果的內側。

❿ 把切成半月形的莫札特無花果放在金色三葉草上。

關於無花果

豐蜜姬無花果是誕生於福岡的品種。「由於沒有怪味，容易入口」（加藤），所以會大量使用。金色三葉草是新潟縣佐渡島產的黑無花果的名牌名稱，品種是歐洲原產的「法國紫色索列斯（Viollette de sollies）」。「由於表皮色調很美，不用剝皮就能吃，所以切成能發揮其特色的模樣」

（加藤）。「莫札特無花果」是品牌名稱，農民會一邊聽莫札特，一邊種植，品種名稱叫做「蓬萊柿」，是在江戶時代傳來日本的。「由於是罕見的品種，所以刻意切成較大片，並放在中央」（加藤）。

〉〉〉豐蜜姬無花果的切法

把小菜刀刺進蒂頭周圍，圓圓地切下蒂頭。

從蒂頭朝著果梗，將皮削下。

把廚房紙巾鋪在砧板上，放上已去皮的豐蜜姬無花果。將其切成 8 等分的半月形。

〉〉〉莫札特無花果的切法

  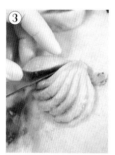

去除蒂頭，削皮，方法跟豐蜜姬無花果一樣。

把廚房紙巾鋪在砧板上，放上已去皮的無花果。縱向切成 4 等分，把其中 3 片再切成兩半。

以果梗所連接的部分為起點，將剩下的一片切成薄片。

〉〉〉金色三葉草的切法

去除蒂頭，方法跟豐蜜姬無花果一樣。

把廚房紙巾鋪在砧板上，放上帶皮的無花果。縱向切半。

把已縱向切成兩半的部分再切成 6 等分。

由左到右為，豐蜜姬、金色三葉草、莫札特無花果。

無花果芭菲

トシ・ヨロイヅカ 東京（鎧塚俊彥）

無花果做成很有甜點風格的紅酒燉煮料理。為了呈現相同的季節風味，所以搭配上西洋梨做成的冰淇淋。
疊上莓果類的冰淇淋與醬汁。頂部放上使用葡萄酒品種的葡萄榨成的果汁做成的輕巧泡沫狀醬汁，
突顯香氣豐富的秋季風味。

法國紫色索列斯無花果芭菲

タカノフルーツパーラー（森山登美男、山形由香理）

在這道芭菲中，可以讓人充分地品嘗到滋味濃郁的黑無花果「法國紫色索列斯」。
在醬汁部分，也奢侈地使用了「法國紫色索列斯」來製作。
帶有爽口酸味的紅醋栗冰沙能夠更加地襯托出「法國紫色索列斯」的柔順滋味。

無花果芭菲

トシ・ヨロイヅカ 東京（鎧塚俊彦）

◎葡萄汁（Traubenmost，使用葡萄酒品種的葡萄榨成的汁）的泡沫（espuma，一種分子料理）…適量

◎紅酒果凍…10g

◎覆盆子的庫利醬汁（coulis）…10g

◎紅酒燉煮無花果（切塊）…半顆分

◎西洋梨冰淇淋…25g

◎黑醋栗冰淇淋…20g

◎覆盆子果醬…1大匙

◎紅酒燉煮無花果（切塊）…半顆分

〉〉〉裝盤

| ① | ② | ③ | ④ | ⑤ |

① 先放入紅酒燉煮無花果，再放入覆盆子果醬。為了避免玻璃杯被弄髒，所以要使用芭菲湯匙來把醬汁放入中央。

② 使用芭菲湯匙逐步少量地舀起黑醋栗冰淇淋，塞入杯中。

③ 同樣地將西洋梨冰淇淋塞入杯中。

④ 放上紅酒燉煮無花果，然後放入覆盆子果醬。

⑤ 疊上紅酒果凍。

◎葡萄汁的泡沫

1 把白葡萄汁（「Weisser Traubenmost」*[1]）100g 和 Espuma Cold（SOSA 公司）*[2] 3g 混合，裝入泡沫專用虹吸瓶中。

＊1：使用奧地利的葡萄酒釀造廠「Weinbau Strom 公司」的葡萄酒專用葡萄品種所製成的葡萄汁。另外還有紅葡萄汁、粉紅葡萄汁。

＊2：粉末狀的增黏劑。混入液體中，裝入專用的虹吸瓶，就能擠出泡沫。

◎紅酒果凍

1 把紅酒燉煮無花果（下述）的湯汁進行過濾，然後加熱。加入泡過冰水的明膠片（湯汁重量的1.5%），使其溶解。

2 一邊將鍋子放在冰水上，一邊攪拌，使其冷卻，然後放入冰箱內冷藏，使其凝固。

◎覆盆子的庫利醬汁

1 使用手持式攪拌機把覆盆子（生的）打成泥狀。

◎紅酒燉煮無花果

1 將無花果去皮，切成兩半。放入調理盆中。

2 把紅酒 250g、水 250g、細砂糖 150g 放入鍋中混合，煮沸，然後倒入步驟 **1** 的調理盆中。在常溫下放涼後，先放入冰箱內冷藏 2 小時後，再使用。

◎西洋梨冰淇淋

1 製作安格斯醬。

①把蛋黃 50g、細砂糖 45g 放入調理盆中，磨碎並攪勻。

②把牛奶 200g、鮮奶油（乳脂含量 32%）100g 放入鍋中，加熱到與體溫差不多的程度。

③將②的牛奶逐步少量地加進①的調理盆中，攪勻。倒回②的鍋中，開小火，一邊用橡膠鍋鏟攪拌，一邊加熱，直到產生黏稠感。

④一邊把鍋子放在冰水上，一邊攪拌，使其降溫。

2 把安格斯醬 80g、西洋梨果泥（Boiron 公司）150g、鮮奶油（乳脂含量 32%）80g 混合。放入冰淇淋機中。

◎黑醋栗冰淇淋

1 把安格斯醬（上述）150g、黑醋栗濃縮果汁（「Toque Blanche Concentree Cassis（Dover 公司）」）25g、蜂蜜 25g 混合。放入冰淇淋機中。

◎覆盆子果醬

1 把覆盆子（生的）100g 和細砂糖 45g 放入鍋中混合並加熱。

2 煮到稍微滾一會兒，去除浮沫，轉成小火，煮到產生黏稠感為止。中途，要勤奮地去除浮沫。

透過泡沫專用的虹吸瓶來擠出葡萄汁的泡沫。

法國紫色索列斯無花果芭菲

タカノフルーツパーラー（森山登美男、山形由香理）

裝飾用的泡芙酥皮…1 個
>>>把泡芙酥皮的麵糊裝進擠花袋中，使用很細的擠花嘴來擠出波浪的形狀，然後烤成泡芙酥皮。

薄荷葉…適量

顆粒狀果凍…適量
>>>作法為，逐步少量地將含有覆盆子利口酒的果凍液加進冰涼的油中，使其凝固。等到果凍凝固後，請充分清洗後再使用。

發泡鮮奶油（打發至 8 分硬度）…適量
>>>由於脂肪含量太高的話，會過於濃郁，所以混合使用鮮奶油和植物性鮮奶油來做出清爽的味道。糖度要低一點。

法國紫色索列斯無花果（切半）…1 片

法國紫色索列斯無花果（切成半月形）…3 片

法國紫色索列斯無花果（切成薄片）…5 片

香草冰淇淋與法國紫色索列斯無花果雪貝…合計 80g

法國紫色索列斯無花果汁…適量
>>>把法國紫色索列斯無花果連皮一起放入攪拌機中打成泥狀。

發泡鮮奶油（上述）…15g

紅醋栗冰沙…100g

白酒煮法國紫色索列斯無花果…2 片

法國白起司（Fromage blanc）的慕斯…20g

法國紫色索列斯無花果（切塊）…2 片

君度橙酒果凍…30g

法國紫色索列斯無花果汁…適量

〉〉〉裝盤

① 把法國紫色索列斯無花果汁放入玻璃杯底，疊上君度橙酒果凍。

② 把切塊的法國紫色索列斯無花果放進果凍中。

③ 擠上法國白起司的慕斯（圓形擠花嘴）。

④ 放上白酒煮法國紫色索列斯無花果。

⑤ 放上紅醋栗冰沙，沿著玻璃杯擠上一圈發泡鮮奶油。

⑥ 把法國紫色索列斯無花果汁淋在發泡鮮奶油上。

⑦ 放上由各半球的香草冰淇淋和法國紫色索列斯無花果雪貝所組成的一球冰品，以及切成薄片的法國紫色索列斯無花果。

⑧ 放上切半的法國紫色索列斯無花果。

⑨ 放上切成半月形，且削去一半果皮的法國紫色索列斯無花果。

⑩ 把少許發泡鮮奶油擠在頂部（星形擠花嘴），使用紅色的顆粒狀果凍、薄荷葉、泡芙酥皮來當作裝飾。

關於法國紫色索列斯無花果

法國紫色索列斯無花果是法國自古以來就有栽種的黑無花果品種。日本目前的產量還很少，栽種地區為新潟縣佐渡島、佐賀縣、石川縣等。由於果皮柔軟，果皮正下方部位的香氣最為強烈，所以就算連皮一起吃，也很好吃。風味濃郁，適合做成糖煮水果等加工食品。在切無花果時，為了避免壓壞柔軟的果肉，所以請盡量先用不施力的方式來按住無花果後，再切吧。（森山）

〉〉〉將法國紫色索列斯無花果切成兩半與半月形

① 切除果梗。切口會冒出白色汁液，只要觸摸到，就會使人發癢。

② 當汁液流出時，只要使用毛巾等物擦掉即可。

③ 縱向切成兩半。其中半邊直接使用（切半）。

④ 把另外半邊切成 3 等分的半月形。

⑤ 將在步驟 4 中切成半月形的黑無花果放在砧板上，讓皮朝下。沿著砧板來移動小菜刀，將大約一半的果皮剝下。

⑥ 把一半的果皮切除（切成半月形）。

〉〉〉將法國紫色索列斯無花果切成薄片和塊狀

① 把半顆法國紫色索列斯無花果切成薄片。

② 將剩下部分切成兩半。

③ 再切成兩半（切成塊狀）。

薄荷巧克力櫻桃芭菲

アトリエ コータ（吉岡浩太）

巧克力慕斯的濃郁滋味、薄荷醬汁的清爽香氣與味道、櫻桃雪酪與糖煮櫻桃的酸味會構成絕妙的平衡。
不同部分之間夾著海綿蛋糕，讓人可以一邊吃，一邊品嘗各部分的味道。

成年人的櫻桃芭菲

ホテル インターコンチネンタル 東京ベイ ニューヨークラウンジ
（德永純司）

在這道芭菲中，緊緊地濃縮了酸味與甜味的美國櫻桃，搭配上了巧克力的苦味、開心果的濃郁滋味與香氣。
「巧克力木屑與瓦片餅的輕巧造型、排成一列的美國櫻桃的剖面、雅致的色調」
這種飯店休憩空間獨有的沉穩設計美感也是其魅力所在。

薄荷巧克力櫻桃芭菲

アトリエ コータ（吉岡浩太）

裝飾用巧克力（p.229）…7g

鮮奶油（打發至 7 分硬度．p.33）…15g

巧克力慕斯（p.229）…30g

海綿蛋糕
（直徑 4cm．厚度 1cm．省略解說）
…1 塊

櫻桃雪酪…35g

海綿蛋糕
（直徑 4cm．厚度 1cm．省略解說）
…1 塊

香草冰淇淋…30g

鮮奶油（打發至 7 分硬度．p.33）
…15g

海綿蛋糕
（直徑 4cm．厚度 1cm．省略解說）
…1 塊

◎糖煮櫻桃…25g

◎薄荷醬汁…40g

〉〉〉裝盤

① 把糖煮櫻桃放入玻璃杯中。

② 把海綿蛋糕放在糖煮櫻桃上，用手指輕輕地按壓，使其穩定。

③ 用湯匙將鮮奶油舀入杯中。

④ 舀起一球香草冰淇淋，放在靠近邊緣的位置。

⑤ 把海綿蛋糕放在香草冰淇淋上，用手指輕輕地按壓，使其穩定。

アトリエコータ

パティスリィ
アサコイワヤナギ

パティスリー
ビヤンネートル

ホテルインターコンチネンタル
東京ベイ ニューヨークラウンジ

フルーツパーラーゴトー

アステリスク

フルーツパーラーフクナガ

パレ ド オール東京

千疋屋総本店

カフェコムサ

パティスリー＆カフェ
デリーモ

水果甜點店的水果芭菲

只要說到水果甜點店的芭菲，指的當然就是裝滿了各種水果的水果
芭菲。店家的特色與風格會表現在裝盤的外觀與水果的種類上。

水果芭菲
フルーツパーラーフクナガ（西村誠一郎）

水果芭菲
フルーツパーラー ゴトー（後藤浩一）

除了不管什麼季節都容易取得的奇異果、柑橘、香蕉、
葡萄柚、哈密瓜這5種水果，還會再搭配上2～3種當
季水果來製作芭菲。透過色彩繽紛的水果剖面來裝點玻
璃杯。藉由這種有趣的設計，讓客人帶著「接下來會出
現什麼樣的水果呢」這種尋寶般的心情來品嘗芭菲。玻
璃杯底是香草冰淇淋，水果之間放了自製的葡萄柚雪
貝。葡萄柚和各種水果都很搭，色調也很可愛。

疊上香草冰淇淋與自製的香蕉冰淇淋，上面再以放射狀
的方式來擺放7種水果。雖然以前長期都是使用5種水
果，但後來進行了各種嘗試，增添數量，最後決定使用
7種。此數量也兼顧了水果與玻璃杯之間的平衡，若少
一種，就會讓人感到不滿足，若多一種，則會令人有點
厭煩，可說是絕妙的平衡。在水果當中，香蕉、鳳梨、
奇異果是全年都會使用的，其他水果則會依照季節來使
用更加美味的產品。

千疋屋特製芭菲

千疋屋総本店フルーツパーラー 日本橋本店（井上亜美）

水果芭菲

タカノフルーツパーラー（森山登美男、山形由香理）

上方有 7 種水果與大量的發泡鮮奶油。玻璃杯中則有香蕉、芒果、香草這 3 種口味的冰淇淋。在醬汁部分，使用了草莓與芒果這 2 種醬汁。由於可以品嘗到多種千疋屋的高品質水果，所以這道芭菲整年都很受歡迎。在水果方面，以麝香哈密瓜、香蕉、奇異果、鳳梨、柑橘這 5 種作為基礎，依照季節來加入西瓜、櫻桃、草莓、柿子等水果。

在水果部分，一整年都會經常放上 12 種水果。夏天也會使用桃子和葡萄。在冰淇淋部分，使用了香草冰淇淋與 2 種雪貝。這 2 種雪貝也會依照季節來更換口味，照片中使用的是草莓與芒果雪貝。玻璃杯底放入了帶有君度橙酒香氣的果凍與蘋果丁，可以呈現出清爽的餘韻。

水果芭菲

フルーツパーラーフクナガ（西村誠一郎）

發泡鮮奶油…適量
>>>當含有植物性油脂的奶油和水果比較搭時，會選擇複合式鮮奶油（乳脂含量18％‧植物性脂肪含量 27％）。加入20％的糖，將奶油打發至10分硬度。

長野紫葡萄…1 顆

葡萄柚
（紅寶石、縱向切成 8 等分）…1 片

葡萄柚雪貝（自製）…40g

哈密瓜（把縱向切成 12 等分的部分再切成 4 等分）…1 片

西洋梨（法蘭西梨、把縱向切成 12 等分的部分再切成兩半）…1 片

鳳梨（一口大小）…1 片

柿子（富有柿‧切成半月形）…1 片

香蕉（斜切成長度約 4cm）…1 片

柑橘（切成半月形）…1 片

長野紫葡萄（切成兩半）…1 片

奇異果（切成圓片）…1 片

牛奶冰淇淋（市售商品）…40g
>>>使用乳脂含量 3％、植物性脂肪含量2％、非乳脂固形物 8％的產品。透過清爽的味道來襯托出水果的甘甜與香氣。

>>> 裝盤

① 用冰淇淋杓把牛奶冰淇淋舀進杯中。

② 以剖面朝外的方式放入奇異果和長野紫葡萄。

③ 把柑橘放在奇異果旁邊，將香蕉放入中央。

④ 把鳳梨和柿子放入柑橘和葡萄之間。

⑤ 將西洋梨和哈密瓜放在其上方。

⑥ 挖出葡萄柚雪貝，放在水果上。

⑦ 用冰淇淋杓的底部將雪貝弄平。

⑧ 放上葡萄柚和長野紫葡萄，並空出左前側。

⑨ 把發泡鮮奶油擠在事先空出來的位置。

關於葡萄柚

使用佛羅里達州產的紅寶石葡萄柚。試著觸摸看看，若摸起來皮很厚的話，就不太好吃。皮薄且摸起來很飽滿的葡萄柚比較好吃。（西村）

〉〉〉切法

縱向切成兩半。　　把 1 切成 4 等分。　　把果心切除。　　將 3 放在砧板上，移動菜刀，將果皮剝開一半。　　把剝開來的果皮切除。

關於哈密瓜

使用靜岡縣產皇冠哈密瓜。挑選網眼又細又漂亮，香氣良好的產品。（西村）
＊詳情請參照 p.124 哈密瓜芭菲。

〉〉〉切法

把蒂頭側的邊緣切掉。　　縱向切成兩半。　　去除籽和內果皮，切成 6 等分。　　以果皮朝下的方式，將哈密瓜放在砧板上，移動菜刀，將果皮剝開。　　切成約 4 等分。

關於西洋梨

使用山形縣產的法蘭西梨、MELLOWRICH 等各時期的美味品種。（西村）
＊詳情請參照 p.100 西洋梨芭菲。

〉〉〉切法

縱向切成兩半。　　去除蒂頭，切成 6 等分。　　切除果心。　　削掉果皮，切成兩半。削果皮時，要將菜刀的位置固定住，只移動西洋梨。

關於鳳梨

大多會使用品質與進貨量穩定的菲律賓產鳳梨。選擇大小適中的鳳梨。葉子的另一邊最甜，存放時，只要讓葉子那側朝下，甜度就會擴散到整體。葉子沒有枯萎，且帶有黃色的鳳梨比較好吃。（西村）

>>> 切法

① 把有葉子那側的邊緣切掉。

② 縱向切成兩半。

③ 從左右兩邊下刀，在果心部分切出 V 字形的切口，取下果心。

④ 切成兩半。去除邊緣部分，切成約 2cm 厚。

⑤ 以果皮朝下的方式，將鳳梨放在砧板上，移動菜刀，削去果皮。

關於香蕉

使用 Dole 公司的「SWEETIO 香蕉」。選擇黃色較深的香蕉。當名為糖斑（sugar spot）的黑色斑點開始慢慢冒出來時，最適合吃。（西村）

>>> 切法

① 斜向地將邊緣切掉。

② 斜切成厚度約 2cm。

③ 用菜刀在果皮上劃出切口後，用手剝掉。

關於柑橘

使用佛羅里達州產或南非產的柑橘。拿起來有分量的柑橘比較好吃。（西村）

>>> 切法

① 縱向切成兩半。

② 從左右兩邊下刀，在果心部分切出 V 字形的切口，取下果心。

③ 切成 6 等分。

④ 以果皮朝下的方式，將柑橘放在砧板上，移動菜刀，削去果皮。

關於奇異果

在國產奇異果上市的 1～3 月，會使用愛知與愛媛等地的國產奇異果。此外的期間，則會使用紐西蘭產的綠奇異果。由於小顆較酸，所以會挑選較大顆的奇異果。由於黃金奇異果的糖度很高，在水果芭菲中，甜度會過於突出，所以在本店內不使用。（西村）

〉〉〉切法

① 切成圓片。

② 一邊用左手支撐，一邊使其立在砧板上。插入小菜刀的前端，一邊轉動奇異果，一邊移動菜刀，削去果皮。

③ 將其剝成漂亮的圓形。

水果芭菲

フルーツパーラー ゴトー（後藤浩一）

葡萄（司特本葡萄）…1 顆

鮮奶油…適量
>>>將乳脂含量 47%的鮮奶油 240g 和
乳脂含量 42%的鮮奶油 100g 混合，
加入上白糖 40g、香草精數滴，打發
至 9 分硬度。

香蕉（斜切）…1 片
柑橘…1/12 顆分
蘋果（信濃甜蘋果）…1/12 顆分
鳳梨…2 片
奇異果（把圓片切成兩半）…2 片
柿子（島根早生柿／刀根早生柿）…1/16 顆分

綜合水果冰淇淋（自製・P.204）
…50g

香草冰淇淋（高梨乳業）…50g

無花果的果醬…15g
>>>依照季節，會使用蘋果、日向夏、杏桃
的果醬或糖漬葡萄柚等。

〉〉〉裝盤

① 把無花果的果醬放入玻璃杯底。

② 放入香草冰淇淋，用冰淇淋杓來按壓，將其往下塞。

③ 放上一球香蕉冰淇淋。

④ 在冰淇淋的周圍，以順時針的方式，從內側擺放香蕉、柑橘、蘋果，使其形成放射狀。

⑤ 在香蕉旁邊，依序將鳳梨、奇異果擺放成放射狀。

⑥ 放上柿子，填滿前側的空隙。

⑦ 擠上鮮奶油（星形擠花嘴・6 齒・口徑 6mm），使其高度比水果略高一點。

⑧ 在柿子上方放上葡萄。

關於司特本葡萄

雖然我認為尺寸較大的葡萄大多較甜，但由於每串的味道都不同，所以使用前要先試著吃一顆來確認味道。（後藤）

關於香蕉（參照 p.137）

關於柑橘

春季到夏季使用加州產，冬季則使用南非產。基本上，整年都會使用，不過在冬季末期與秋季這種青黃不接的時期，由於果實內有很多空隙，汁液也很少，所以在那種時期不會進貨。（後藤）

關於蘋果（信濃甜蘋果）

挑選較硬的產品。當紅玉蘋果上市時，會使用紅玉。由於過完年後上市的蘋果是貯藏品，所以我會選擇在收穫時期（10～11 月）使用既新鮮又好吃的蘋果。（後藤）

〉〉〉切法

① 以底部朝上的方式，將蘋果放在砧板上，縱向切成兩半。底部朝上的擺放方式會使蘋果比較穩固。

② 再切成兩半。

③ 切成 3～4 等分。

④ 以 V 字形的方式來切除果心。

關於奇異果

使用 Zespri 的產品。挑選拿起來摸摸看會覺得稍硬的奇異果。不使用熟透的柔軟奇異果、口感硬梆梆的堅硬奇異果。（後藤）

〉〉〉切法

① 切掉略厚的邊緣部分。

② 同樣地將另一側的邊緣切掉。

③ 縱向切成兩半。

④ 切成 3 等分。

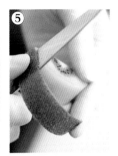

⑤ 用手拿著，將菜刀的位置固定住，轉動奇異果來削皮。

關於鳳梨

使用只有底部稍微變黃，大部分區域仍為綠色的鳳梨。大概是因為，我喜歡還沒有熟透的味道，再加上，整體變黃時，就代表太熟了，果肉會變得軟綿綿的。在製作鳳梨芭菲時，會使用較甜的下半部。製作水果芭菲時，則會使用上半部。（後藤）

〉〉〉切法

略厚地切掉蒂頭那側的部分。　略厚地切掉底部的部分。　縱向切成兩半。　再切成兩半。　切除果心。

削皮。　切成厚度 1cm 多。

關於刀根早生柿

這是「平核無柿」的芽變品種。平核無柿是新潟縣原產的無籽澀柿，形狀為平坦的方形。芽變指的是，發生突變的植物芽。雖然是形狀與平核無柿相同的無籽柿子，但收穫期較早。果肉扎實，甜味強烈，多汁。廠商會先使用二氧化碳來去除澀味後再出貨。使用和歌山縣產等。（後藤）

〉〉〉切法

①
以蒂頭朝下的方式來擺放，切成兩半。

②
用手將蒂頭部分弄斷。

③
用 V 字形切法來去除蒂頭。

④
把 3 切成 8 等分。用手拿著，將菜刀的位置固定住，轉動柿子來削皮。

裝盤的重點

在裝盤時，首先要從 12 點鐘位置往右擺放 3 種水果（①），接著從 12 點鐘位置往左擺放 2 種水果（②），使用最後一種水果將空隙填滿，這樣就能完成均衡且好看的裝盤。

千疋屋特製芭菲

千疋屋総本店フルーツパーラー 日本橋本店（井上亜美）

葡萄（紫苑）…1 顆

發泡鮮奶油
>>>把等量的鮮奶油（乳脂含量 47%）和
複合式鮮奶油（乳脂含量 18%・植物性脂
肪含量 27%）混合，打發至 9 分硬度。

麝香哈密瓜…1 片
香蕉（斜切）…1 片
西瓜…1 片
奇異果（圓片）…1 片
鳳梨（切成扇形）…1 片
柑橘（切成半月形）…1 片

香蕉冰淇淋（自製）…60g

發泡鮮奶油（左述）…10g
芒果雪貝（自製）…60g
芒果醬汁…適量
香草冰淇淋…60g
草莓醬汁…35ml

〉〉〉裝盤

① 放入草莓醬汁。

② 放上 1 球香草冰淇淋，
並用冰淇淋杓按壓，將
空隙塞滿。

③ 沿著玻璃杯倒入芒果醬
汁。

④ 放上 1 球芒果雪貝，並
用冰淇淋杓按壓。

⑤ 在芒果雪貝與玻璃杯之
間擠上發泡鮮奶油（星
形擠花嘴・8 齒 6 號）。

⑥ 放上 1 球香蕉冰淇淋。

⑦ 在香蕉冰淇淋的周圍使
用哈密瓜、香蕉、西
瓜、奇異果、鳳梨、柑
橘來裝飾。

⑧ 擠上發泡鮮奶油。

⑨ 把葡萄放在發泡鮮奶油
上。

關於葡萄（紫苑）

這是山梨縣所生產的紅葡萄品種。糖度高，尺寸大，汁液多。無論品種為何，有彈性的葡萄都會比較好吃。進貨後，就要盡早使用。在 10 月～11 月左右，會將葡萄用於芭菲的頂部。依照季節，會換成草莓、櫻桃等水果。（井上）

關於麝香哈密瓜（參照 p.133）

〉〉〉切法

先切成厚度 3cm 的半月形，再切下底部這邊的 1/3。

關於香蕉（參照 p.139）

〉〉〉切法

切掉邊緣。　　斜切成厚度 4cm。　　用菜刀在果皮上劃出切口。　用手將皮剝掉。

關於西瓜

試著敲敲看，若聲音很低沉，就表示太熟了。若發出輕盈的高音的話，就代表可以吃了。另外，帶有明顯條紋，而且綠色和黑色很深的西瓜會很好吃。由於冰太久的話，就會變得不好吃，所以要在販售前的 2 小時再放入冰箱。（井上）

》》切法

先切成 12 等分的半月形，然後再切成兩半。以果皮朝下的方式，將西瓜放在砧板上，移動菜刀，在果皮上方劃出切口。

切成厚度 1cm。

關於奇異果

奇異果會從底部開始變軟。試著輕輕觸摸蒂頭周圍的隆起部分，就覺得柔軟的話，就代表可以吃了。（井上）

》》切法

在蒂頭周圍插入菜刀，並繞一圈，用手將蒂頭扭斷。

切成厚度 1cm 的圓片。

將奇異果立在砧板上，把菜刀刺進果皮上方。只要一邊移動菜刀，一邊轉動奇異果，就能削下果皮。

剝成漂亮的圓形。

關於鳳梨

當鳳梨的底部比蒂頭側大時，果肉會香甜美味。即使上面還很綠，但只要底部變黃，就能證明鳳梨成熟了，而且顏色青翠反而才是新鮮的證明。（井上）

》》》切法

① 把兩邊切掉，然後縱向切成 4 等分。切出寬度為 1/3 的部分。以果皮朝下的方式將鳳梨放在砧板上，移動菜刀，削下果皮。

② 用 V 字形切法來切除果心。

③ 切成 1cm 厚。

關於柑橘

由於柑橘在採收後不需催熟，所以要盡量趁新鮮使用完畢。拿起來覺得很有份量的柑橘，以及表面有光澤的柑橘，都是多汁美味的。由於蒂頭下凹的柑橘皮厚、果肉少，所以要挑選果皮緊繃的柑橘。（井上）

》》》柑橘的切法

① 先縱向切成兩半，然後再切出 1/3 片。

② 切除果心。

③ 以果皮朝下的方式將柑橘放在砧板上，移動菜刀，削下果皮。

裝盤的重點

擺放時，要讓水果的前端朝向相同方向，讓人從上方觀看時，會覺得很像風車。完成具有躍動感的漂亮擺盤。

水果芭菲

タカノフルーツパーラー（森山登美男、山形由香理）

藍莓…1 顆

覆盆子…1 顆

發泡鮮奶油
（打發至 8 分硬度）…5g
>>>由於脂肪含量太高的話，會過於濃郁，所以混合使用鮮奶油和植物性鮮奶油來做出清爽的味道。糖度要低一點。…

西瓜…1 片

哈密瓜…1 片

奇異果（圓片）…1 片

木瓜（半月形）…1 片

草莓雪貝（自製）…50g

芒果雪貝（自製）…50g

香草冰淇淋…50g
>>>為了不破壞水果的味道，所以選用香氣與甜度較低的產品。

草莓（縱向切半）…1/2 顆分
葡萄柚（半月形的一半）…2 片
柑橘（半月形的一半）…2 片
鳳梨…1 片
火龍果…1 片

葡萄柚…1 片

柑橘…1 片

加了君度橙酒的果凍…30g

蘋果（切丁）…少許

〉〉〉裝盤

① 把蘋果丁放入玻璃杯中。

② 把加了君度橙酒的果凍弄碎，加進杯中。

③ 放入柑橘和葡萄柚，放上一球香草冰淇淋。

④ 放入芒果雪貝和草莓雪貝。

⑤ 在雪貝的後方放上西瓜和哈密瓜，在前方放上木瓜和奇異果。

⑥ 在雪貝上方放上火龍果和鳳梨。

⑦ 放上柑橘和葡萄柚。

⑧ 放上草莓，擠上發泡鮮奶油（星形擠花嘴・5 齒 5 號），放上覆盆子和藍莓。

關於西瓜

一整年都會將西瓜放在水果芭菲的頂部。這是全年都能取得國產西瓜的水果甜點店才能做到的。（森山）

把菜刀的刀刃均勻地靠在西瓜上，切出非常淺的切口。藉由這樣做，在分切西瓜時，就不容易破裂。

縱向切成兩半。

切出 1/5。

切掉邊緣部分後，切成 1.5cm 厚。

切除果皮。

關於木瓜

使用苦味較少、味道平衡度佳的夏威夷產木瓜。拿起來摸摸看，若覺得稍有彈性的話，就代表可以吃了，但很難辨別。（森山）

切除蒂頭周圍部分。

以切面朝下的方式來擺放，縱向切成兩半。若讓柔軟的底部朝下，就會將果肉壓爛。

讓蒂頭周圍部分靠近自己這邊，去籽。訣竅與 2 相同，要避免壓爛果肉。

由於蒂頭周圍部分有類似果心的堅硬部分，所以要用 V 字形切法來去除。

以同樣的方式來去除底部的蒂頭。

切成半月形。

放在砧板上，從邊緣處將小菜刀插進果皮上方。不要移動木瓜，只移動小菜刀來削皮。

以斜切的方式來分切。

關於鳳梨

只使用黃金鳳梨（Del Monte 公司）。雖然採購的是已完成催熟的鳳梨，但由於我想讓味道更穩定，所以會放置 1～2 天後再使用。（森山）

① 把鳳梨放在砧板上，抓住蒂頭，將其扭斷。

② 切除邊緣部分。

③ 把底部的邊緣部分也切掉。

④ 將鳳梨縱向地放在砧板上，削去果皮。

⑤ 縱向切成兩半。

⑥ 在果心上劃出 V 字形切口，把果心摘下。

⑦ 切成兩半。

⑧ 分切成約 1.5cm 厚。

關於火龍果

目前使用越南產，在產季，也會使用國產火龍果。由於不用催熟，所以請盡早使用完畢。（森山）

① 把花萼般的突起部分切除。

② 切掉花萼周圍部分。

③ 將另一側的蒂頭也切除。

④ 縱向切成兩半。

⑤ 再切成兩半。

⑥ 切成較厚的片狀。

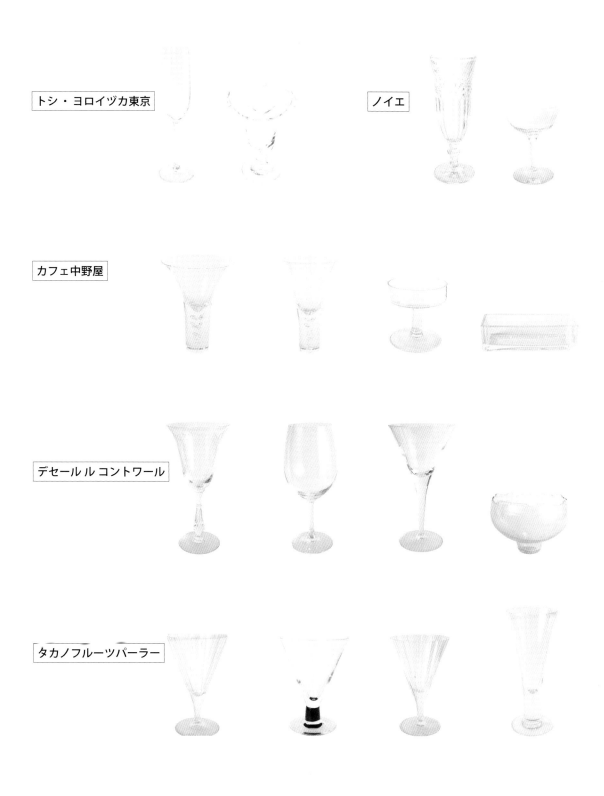

トシ・ヨロイヅカ東京

ノイエ

カフェ中野屋

デセール ル コントワール

タカノフルーツパーラー

西洋梨芭菲

フルーツパーラーフクナガ（西村誠一郎）

這道芭菲中放了「把稍微煮過，仍保留了果肉口感的西洋梨凍起來而做成的自製雪貝」以及「處於最佳食用狀態，
且香氣十足的法蘭西梨」，讓人盡情品嘗西洋梨的滋味。西洋梨的白色與石榴的紅色所呈現出來的鮮明對比也很美。
西洋梨在採收後，會藉由催熟來使其變得甘甜嬌嫩。畢竟，辨別出最佳食用狀態才是味道的關鍵。

西洋梨草莓芭菲

カフェコムサ 池袋西武店（加藤侑季）

西洋梨的黏稠口感與草莓的清爽滋味很搭，這種組合特別受到女性顧客的歡迎。對於這道芭菲來說，
含有乳脂成分的冰淇淋的味道太重，所以要使用西洋梨雪貝來統整成清爽的味道。
不使用醬汁類，單純地發揮水果的美味。

西洋梨芭菲

フルーツパーラーフクナガ（西村誠一郎）

石榴…適量

發泡鮮奶油…適量
>>>當含有植物性油脂的奶油和水果比較搭時，會選擇複合式鮮奶油（乳脂含量18%・植物性脂肪含量27%）。加入20%的糖，將奶油打發至10分硬度。

西洋梨
（法蘭西梨，縱向切成4等分）…70g

西洋梨雪貝（自製・P.200）
…40g

西洋梨（法蘭西梨，切塊）
…50g

牛奶冰淇淋（市售商品）
…40g
>>>使用乳脂含量3%、植物性脂肪含量2%、非乳脂固形物8%的產品。透過清爽的味道來襯托出水果的甘甜與香氣。

西洋梨雪貝（自製・P.200）
…40g

>>> 裝盤

① 依序將西洋梨雪貝和牛奶冰淇淋放入杯中。

② 放上切塊的西洋梨。

③ 用冰淇淋杓舀起西洋梨雪貝，放在西洋梨上。

④ 用西洋梨的背部和手輕輕按壓，把表面弄平。

⑤ 把切成4等分且只有削去一半果皮的西洋梨放在後側，將玻璃杯的前側空出來。

⑥ 把發泡鮮奶油擠在步驟5事先空出來的位置上，然後再把石榴撒在上面。

關於西洋梨（法蘭西梨）

只使用山形縣產的法蘭西梨。在山形縣，每年 10 月 20 日左右會同時採收法蘭西梨。先進行 2～4℃ 的低溫儲藏後，再出貨。剛採收後，西洋梨缺乏甜分與水分，以前被稱作「醜梨子」。後來人們得知，先把這種梨子暫時放在低溫中冷藏，之後再放回到常溫下，就會變得成熟，產生甜味，於是變得暢銷。從儲藏庫拿出來後，即使放進冰箱，西洋梨也會繼續被催熟，所以必須特別注意。

在最佳食用狀態方面，用手指輕輕地擺弄時，會發出低沉的聲音，拿起來會覺得有點軟，肩部（果梗周圍）附近會開始出現若有似無的皺褶。若發出堅硬的高音的話，就表示還早。「當果梗柔軟到能夠輕易活動，並冒出香氣，就代表可以吃了」也有人這樣說，但那樣就太遲了。雖然辨別出最佳食用狀態是非常困難的，但正因如此，才有研究的價值。（西村）

〉〉〉西洋梨（法蘭西梨）的切法

① 縱向切成 4 等分。

② 要放在玻璃杯上的西洋梨會選擇帶有果梗的那片。去除果心，從底部削去約一半的皮。

③ 要放入玻璃杯內的西洋梨則要薄薄地削去果皮，去除果心，切成一口大小。由於西洋梨的果皮正下方部分的香氣最強烈，所以果皮要削得很薄。雖然表面凹凸不平，但只要將菜刀的位置固定住，並移動西洋梨，就能把皮削得很漂亮。

〉〉〉石榴的切法

① 斜斜地插進小菜刀，在蒂頭周圍劃出一圈切口。在切的時候，只要將小菜刀的位置固定住，然後轉動石榴即可。

② 去除蒂頭。

③ 把小菜刀插進去，深度僅為果皮厚度，縱向地劃出一圈切口。只要將小菜刀的位置固定住，並轉動石榴，就會很好切。

④ 用手拿著，讓蒂頭側朝上，切成兩半。

⑤ 把小菜刀插進底部的蒂頭周圍，切除蒂頭。用手取下顆粒。

西洋梨的裝盤重點

將西洋梨切成較大塊，並要保留果皮和蒂頭，然後放入杯中。為了盡量不對水果本身的美味進行加工，讓人可以直接品嘗到原味，可是又要方便食用，基於這些考量，所以切成這種形狀。採用了「一看就知道是西洋梨芭菲」的設計。

讓西洋梨的果梗位於右側，果梗會超出玻璃杯的邊緣。如此一來，首先用右手拿著果梗那側，再將另一側放入口中。果梗的另一側是西洋梨最甜的部分。所以第一口就能品嘗到最美味的部分。之所以保留果皮，是想要讓客人透過嗅覺來享受法蘭西梨的美味。果皮與果肉的交界部分帶有最強烈的果香。只要用手放入口中，當果皮靠近鼻子時，也能聞到香氣。雖然有許多人認為應該要去皮，但有些美味的西洋梨可以連皮一起吃喔。（西村）

西洋梨草莓芭菲

カフェコムサ 池袋西武店（加藤侑季）

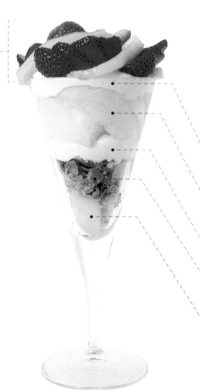

藍莓…1 顆

西洋梨（略厚的切片）…40g

草莓（切片）…4 顆分
草莓（心型）…1 顆分

鮮奶油（乳脂含量 38%）…15g
>>>加入 0.5% 的糖，打發至 8 分硬度。

西洋梨雪貝…100g
西洋梨（切成薄片）…15g

鮮奶油（上述）…10g

派皮…17g
杏仁切片（烘烤）…3g
>>>事先混合。

西洋梨（切塊）…15g

>>> 裝盤

把西洋梨切塊放入杯中，然後一邊把派皮和杏仁切片，一邊加入杯中。

沿著玻璃杯擠上一圈鮮奶油。

在玻璃杯內側斜斜地貼上西洋梨切片。

用冰淇淋杓舀起雪貝，塞進杯中。

以漩渦狀的方式，在雪貝上擠上鮮奶油。

用小菜刀把表面抹平。

一邊把一顆分的草莓切片錯開來，一邊把草莓排列成從玻璃杯中央朝向邊緣的弧形。

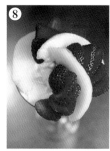

放上西洋梨切片，使其靠在步驟 7 的草莓上。

重複此步驟 4 次，將玻璃杯的上層覆蓋。

放上一顆切成心型的草莓，並使用藍莓來裝飾。

〉〉〉西洋梨的切法

① 切出很細的薄片，試吃看看。若已經熟了，就繼續使用。

② 縱向切成 4 等分。把西洋梨放在手上，讓蒂頭側朝向前方。讓小菜刀從底部朝蒂頭側移動，切除果心。

③ 切除果心後，會形成平緩的切面。

④ 與步驟②相同，把西洋梨放在手上，讓蒂頭側朝向前方。讓小菜刀從底部朝蒂頭側迅速地滑動，削去果皮。

⑤ 當西洋梨尺寸過大，導致切片快要超出玻璃杯時，要以斜切方式來切除蒂頭側的部分，調整長度。

⑥ 切成 6 等分。

⑦ 把步驟 6 的其中一片再切成 3〜4 片薄片，當成用來貼在玻璃杯內側的食材。

〉〉〉草莓的切法

① 去除蒂頭。

② 用菜刀前端將蒂頭下方的堅硬部分挖掉。

③ 以蒂頭側朝下的方式，把草莓放在廚房紙巾上，切成 4〜5 等分。

④ 使用 V 字形切法，把處於步驟 2 的狀態的草莓的蒂頭周圍部分切除。

⑤ 以保留 V 字形的方式將草莓切成兩半。若切的位置偏離的話，就無法形成漂亮的心型，所以要多注意。

西洋梨寶石芭菲

パティスリィ アサコ イワヤナギ（岩柳麻子）

把西洋梨催熟到風味濃郁的黏稠狀態，並搭配上巧克力，組成很有秋天氣息的濃郁組合。
西洋梨會做成直接生吃、雪貝、牛奶凍（blanc-manger）、糖煮水果、果凍。透過各種口感來突顯西洋梨的魅力。

成年人的栗子西洋梨芭菲

ホテル インターコンチネンタル 東京ベイ ニューヨークラウンジ
（德永純司）

把盛產期相同的栗子和西洋梨組合起來，打造出很有秋天氣息的芭菲。
藉由添加蘭姆葡萄乾、焦糖、榛果這些帶有濃郁味道的要素，來打造出更加沉穩的味道。
美麗地把濃濃秋意裝進玻璃杯中。

西洋梨寶石芭菲

パティスリィ アサコ イワヤナギ（岩柳麻子）

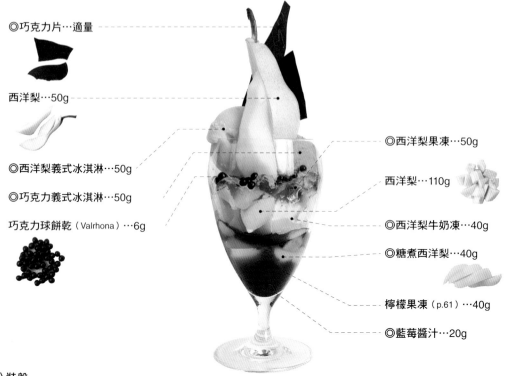

◎巧克力片…適量

西洋梨…50g

◎西洋梨義式冰淇淋…50g

◎巧克力義式冰淇淋…50g

巧克力球餅乾（Valrhona）…6g

◎西洋梨果凍…50g

西洋梨…110g

◎西洋梨牛奶凍…40g

◎糖煮西洋梨…40g

檸檬果凍（p.61）…40g

◎藍莓醬汁…20g

〉〉〉裝盤

① 把藍莓醬汁放入玻璃杯底。

② 放入檸檬果凍。

③ 把糖煮西洋梨疊放在玻璃杯邊緣，空出中央位置。

④ 把西洋梨牛奶凍放入步驟 3 事先空出來的中央位置。

⑤ 依序疊上西洋梨、西洋梨果凍。

⑥ 撒上巧克力球餅乾。

⑦ 放入各一球巧克力義式冰淇淋與西洋梨義式冰淇淋。

⑧ 使用西洋梨來裝飾。

⑨ 把巧克力片折斷，當成裝飾。

◎巧克力片

1 將牛奶巧克力（可可含量 58％・「Mi-Amere（Cacao Barry）」）融化後，進行調溫，在常溫下放涼，使其形成「攪拌後仍會留下紋路」的狀態。

2 把 OPP 透明膜鋪在烤盤上，用抹刀薄薄地塗上巧克力。等到溫度下降後，再將巧克力拉長，就會產生拉動的痕跡，使其呈現不同風貌。

3 在常溫下放涼，粗略地折斷，放入冰箱內保存。

◎西洋梨義式冰淇淋

1 去除西洋梨的果皮和籽，將食品用漂白劑稀釋 600 倍，做成殺菌水。把西洋梨放入殺菌水中浸泡 30 分鐘後，用水清洗，然後用攪拌機打成泥狀。

2 將步驟 1 的西洋梨果泥 1.1kg、水 500g、龍舌蘭糖漿 400g、檸檬汁 22g、穩定劑（Comprital 公司的「雪貝穩定劑」）4g 放入攪拌機中，攪拌成滑順狀。

3 放入冰淇淋機中 18～20 分鐘。

◎巧克力義式冰淇淋

1 以隔水加熱的方式來將牛奶巧克力（可可含量 58％・「Mi-Amere（Cacao Barry）」）300g 融化。

2 從牛奶穩定劑（p.12）1.5kg 當中取出約 300g，加熱到與巧克力相同的溫度，與 1 混合。

3 把步驟 2 和剩餘的牛奶穩定劑放入攪拌機中，攪拌成滑順狀。

4 放入冰淇淋機中 18～20 分鐘。

◎西洋梨果凍

1 把糖煮西洋梨（右述）的湯汁過濾進鍋中，開火加熱到明膠會溶解的溫度。

2 把事先泡過冰水的明膠片加到 1 中，使其溶解，攪勻。移到保存容器中，在常溫下放涼後，放入冰箱內冷藏，使其凝固。

◎西洋梨牛奶凍

1 把西洋梨果泥（La Fruitiere Japon）630g、鮮奶油（乳脂含量 38％）1050g、牛奶 400g、細砂糖 200g、海藻糖 50g 放入鍋中攪拌，開火加熱。

2 當溫度達到 50～60℃後，加入事先泡過冰水的明膠片 18g，使其溶解。

3 移到保存容器中，在常溫下放涼後，放入冰箱內冷藏，使其凝固。

◎糖煮西洋梨

1 把 2～3 顆西洋梨切成兩半，去皮，用水果挖球器來去籽。雖然會使用新鮮的西洋梨，但無法取得美味的西洋梨時，使用罐頭會比較好。

2 把白酒 300g、水 300g、細砂糖 180g 放入鍋中攪勻，煮到稍微滾一會兒。加入 1 後，再次煮沸，接著轉成小火，煮約 15 分鐘。用保鮮膜把表面緊緊地包住，放入冰箱內靜置一晚，讓味道滲進裡面。

◎藍莓醬汁

1 把藍莓果泥（La Fruitiere Japon）1kg、藍莓（冷凍・整顆）1.1kg、海藻糖 700g、水飴 240g、細砂糖 240g 放入鍋中攪勻，煮到稍微滾一會兒。

芭菲與搭配的飲料

在供應芭菲時，會和飲料組成套餐。這道芭菲所搭配的是義大利產甜點酒。口感黏稠，帶有明確的甜味，與西洋梨的味道很搭。

成年人的栗子西洋梨芭菲

ホテル インターコンチネンタル 東京ベイ ニューヨークラウンジ（德永純司）

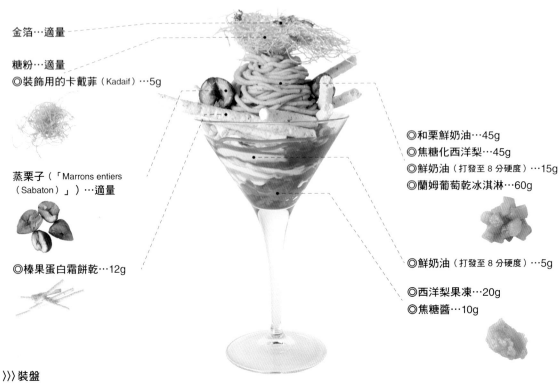

金箔…適量

糖粉…適量

◎裝飾用的卡戴菲（Kadaif）…5g

蒸栗子（「Marrons entiers（Sabaton）」）…適量

◎榛果蛋白霜餅乾…12g

◎和栗鮮奶油…45g
◎焦糖化西洋梨…45g
◎鮮奶油（打發至 8 分硬度）…15g
◎蘭姆葡萄乾冰淇淋…60g

◎鮮奶油（打發至 8 分硬度）…5g

◎西洋梨果凍…20g
◎焦糖醬…10g

>>> 裝盤

① 把焦糖醬裝入前端剪得很細的擠花袋中，在整個玻璃杯的內側擠出線條。

② 放入西洋梨果凍，擠上鮮奶油。

③ 放上 2 球蘭姆葡萄乾冰淇淋。

④ 在中央擠上 4～5 圈鮮奶油（星形擠花嘴：8 齒10 號）。

⑤ 把焦糖化西洋梨放入冰淇淋與玻璃杯之間。

⑥ 擠上和栗鮮奶油，將步驟 4 的鮮奶油覆蓋住（擠花嘴）。

⑦ 以放射狀的方式來擺放榛果蛋白霜餅乾。

⑧ 從上方觀看，會形成這種狀態。

⑨ 把蒸栗子放在和栗鮮奶油旁邊。

⑩ 把裝飾用的卡戴菲（Kadaif）放在和栗鮮奶油上。撒上糖粉，使用金箔來裝飾。

◎裝飾用的卡戴菲（Kadaif）

1 把卡戴菲麵皮（Pate Kadaif）50g 放入調理盆中，輕輕地拆開。

2 撒上糖粉 5g，用指尖把卡戴菲（Kadaif）拆開，將所有部分都塗上糖粉。

3 倒入已融化的奶油 5，用手將整體拌勻。

4 輕輕地把 3 塞進直徑 5cm 的半球型矽膠模具中。放入 170℃的烤箱中烤 15 分鐘。

◎榛果蛋白霜餅乾

1 先將細砂糖 80g 分成 3 等分。把 1/3 分的細砂糖和蛋白 100g 放入攪拌用調理盆中，用高速攪拌器打成泡沫。等到泡沫變得鬆軟後，再加入 1/3 分細砂糖，打成泡沫。等到細砂糖均勻分布後，再加入剩下的 1/3 分細砂糖

2 依序加入糖粉 80g 和榛果粉 50g，每次都要用橡膠鍋鏟輕快地以切的方式來攪拌，並注意不要把氣泡弄破。

3 放入已裝上口徑 6mm 圓形擠花嘴的擠花袋中，在鋪上了烘焙紙的烤盤上擠出長條狀。放入 90℃的烤箱中烘烤 2 小時。使用時，要折成方便擺放的長度。

◎和栗鮮奶油

1 用橡膠鍋鏟把和栗泥 800g、水飴 120g、奶油 120g 攪拌成既滑順又沒有結塊的狀態。

◎焦糖化西洋梨

1 去除西洋梨的果皮和籽，切成 1cm 見方（使用淨重 100g）。

2 把細砂糖 20g 放入鍋中加熱，煮至焦糖狀。把 1 和 1/5 根香草豆莢一起加進鍋中，稍微嫩煎一下。

3 加入西洋梨白蘭地 5g，進行焰燒。

◎鮮奶油

1 把鮮奶油（乳脂含量 40%）200g、細砂糖 16g、香草精 2g 放入調理盆中，打發至 8 分硬度。

◎蘭姆葡萄乾冰淇淋

1 把葡萄乾 50g 浸泡在蘭姆酒（「NEGRITA」Dark）30g 中，放置一週以上。

2 參考「櫻桃芭菲」的「開心果冰淇淋」的做法（p.80）來製作安格斯醬。分量為鮮奶油（乳脂含量 35%）100g、牛奶 500g、蛋黃 100g、細砂糖 120g。

3 把 2 放入冰淇淋機中約 10 分鐘，做成冰淇淋。把 1 的水分瀝乾後，將 1 混入冰淇淋中。

◎西洋梨果凍

1 把細砂糖 25g 放入鍋中加熱。焦到適當程度後，加入已恢復常溫的西洋梨果泥（「冷凍西洋梨果泥」Boiron 公司）215g，攪勻。

2 把細砂糖 8g 和 LM 果膠 2g 混合，加進 1 的鍋中。

3 沸騰後，關火，加入泡過冰水的明膠片 3g、西洋梨白蘭地 4g、檸檬汁 10g，攪勻。

4 移至較深的調理盤中，放入冰箱內冷藏，使其凝固。

◎焦糖醬

1 把鮮奶油（乳脂含量 35%）170g 和水飴 65g 放入鍋中加熱。

2 把細砂糖 100g 放入另一個鍋中加熱。

3 當 2 達到想要的焦化程度後，加入沸騰的 1，攪勻。煮到稍微滾一會兒後，把鍋子放在冰水上，使其降溫。

栗子芭菲

ノイエ（菅原尚也）

「不喜歡像紅豆餡那樣的濃郁味道」。難道無法讓人吃到爽口的栗子嗎？這道芭菲的靈感就是來自於此。
讓柑曼怡香橙酒（Grand Marnier）這種柑橘利口酒在果凍與鮮奶油中發揮味道，並淋上柑曼怡香橙酒。
最後撒上刨成絲的柑橘皮，打造出爽口的栗子芭菲。

和栗與紅醋栗

パティスリー ビヤンネートル （馬場麻衣子）

這道芭菲的主角是，使用僅在盛產期才能吃到的果產栗子製成的鮮奶油、蜜漬料理、義式冰淇淋。
為了襯托出鬆軟且入味的濃郁風味，所以會搭配上酸味強烈的醋栗。
而且還會把「使用與栗子很搭的芳香焙茶製成的果凍」、「能夠突顯栗子甜味，且帶有清爽茴芹香氣的牛奶凍」
放入玻璃杯底，打造出能讓人品嘗到各種味道的芭菲。

栗子芭菲

ノイエ（菅原尚也）

刨絲柑橘皮…適量
◎洋酒漬果乾…適量
糖漬栗子（Sabaton）…適量

◎杏仁蛋白霜…適量

岩鹽酥餅碎（p.167）…適量
◎白巧克力義式冰淇淋…40g

◎栗子鮮奶油…40g＋30g

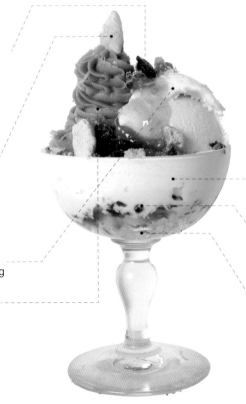

◎柑曼怡香橙酒風味的
　馬斯卡彭起司…35g

◎洋酒漬果乾…10g
◎馬斯卡彭起司的
　慕斯冰淇淋…70g
柑曼怡香橙酒…少許

岩鹽酥餅碎（p.167）…適量
◎柑曼怡香橙酒果凍…50g

〉〉〉裝盤

❶ 用湯匙舀起柑曼怡香橙酒果凍，放入杯中。

❷ 撒上岩鹽酥餅碎，淋上柑曼怡香橙酒。

❸ 放上洋酒漬果乾。

❹ 以削的方式，用湯匙舀起馬斯卡彭起司的慕斯冰淇淋，放在 3 的上面。

❺ 疊上柑曼怡香橙酒風味的馬斯卡彭起司，並將表面抹平。

❻ 撒上岩鹽酥餅碎。

❼ 靠在玻璃杯邊緣擠上幾圈栗子鮮奶油（星形擠花嘴・8齒6號）。

❽ 以削的方式，用湯匙舀起白巧克力義式冰淇淋，疊在栗子鮮奶油旁邊。

❾ 在 7 的栗子鮮奶油上面再擠上栗子鮮奶油。

❿ 把杏仁蛋白霜弄碎，擺放在各處。撒上岩鹽酥餅碎。

◎洋酒漬果乾

1 將喜愛的果乾放入白蘭姆酒或白蘭地中浸泡 1 晚以上。

◎杏仁蛋白霜

1 把蛋白 110g 和細砂糖 110g 放入攪拌用調理盆中打成泡沫，製作蛋白霜。

2 將杏仁粉 80g 與糖粉 40g 一起撒進 1 中，輕快地用切的方式來攪拌。

3 擠在烤盤上，放入 120℃ 的烤箱中烘烤 3 小時。關掉烤箱電源，直接在烤箱內放涼備用。

◎白巧克力義式冰淇淋

1 以隔水加熱的方式來讓白巧克力融化，加入糖漿 150g、鮮奶油（乳脂含量 38%）300g、牛奶 100g、四香粉（Quatre Epices）少許，攪勻。

2 放入冰淇淋機中。

◎栗子鮮奶油

1 把適量的和栗煮過，去除鬼皮和澀皮，粗略地弄碎。

2 把栗子泥（Sabaton）500g 和在常溫下放軟的奶油 100g 放入攪拌用調理盆中，用低速攪拌器來攪拌。依序加入適量的糖漿和利口酒（蘭姆酒等）、鮮奶油（乳脂含量 38%）300g 以上，攪勻。要觀察鮮奶油的味道與柔軟度來調整其分量。

3 透過岩鹽來調整味道，與 1 的和栗混合。

◎柑曼怡香橙酒風味的馬斯卡彭起司

1 把馬斯卡彭起司 500g 和糖粉 120g 混合，逐步少量地加入鮮奶油，攪勻。加入適量柑曼怡香橙酒，打發至 9 分硬度。

◎馬斯卡彭起司的慕斯冰淇淋

1 把馬斯卡彭起司 500g 和糖漿 450g 放入攪拌用調理盆中，用攪拌器來攪拌。

2 依序加入鮮奶油（乳脂含量 38%）400g、白蘭姆酒適量、檸檬汁 30g，攪勻。

3 放入冰淇淋機中。

◎柑曼怡香橙酒果凍

1 把水 1kg、細砂糖 100～200g、白酒適量、適量的柑橘果肉和果皮放入鍋中加熱。

2 把泡過冰水的明膠片 18g 加進 1 中，使其溶解，攪勻。

3 關火，加入柑曼怡香橙酒，把鍋子放在冰水上進行降溫，然後放入冰箱內冷藏，使其凝固。

把糖漬栗子概略地弄碎，和糖漿一起倒入杯中。

放上洋酒漬果乾。

放上刨絲柑橘皮。

和栗與紅醋栗

パティスリー ビヤンネートル（馬場麻衣子）

糖粉…適量

◎長條狀餅乾（省略解說）…適量

◎鮮奶油（打發至 7 分硬度）…30g

◎栗子鮮奶油…30g

糖粉奶油細末（p.15）…15g

◎蜜漬和栗…2 顆

◎紅醋栗雪酪…40g

紅醋栗…2 顆

焦糖杏仁薄片（p.15）…5g

海綿蛋糕（省略解說）
…1 塊（厚度 5mm・直徑 3.5cm）

紅醋栗…1 顆

◎蜜漬和栗…2 顆

覆盆子（切半）…2 片

◎和栗義式冰淇淋（p.183）…70g

◎茴芹牛奶凍
（p.183）…20g

◎焙茶凍
（p.183）…50g

>>> 裝盤

① 用湯匙舀起焙茶凍，放入玻璃杯的右半部。左半部則放入茴芹牛奶凍。

② 用冰淇淋杓舀起和栗義式冰淇淋，放入玻璃杯中。

③ 把蜜漬和栗放進義式冰淇淋與玻璃杯之間。

④ 同樣地放入覆盆子。

⑤ 同樣地放入紅醋栗。

⑥ 把海綿蛋糕放在義式冰淇淋上。

⑦ 把焦糖杏仁薄片放在海綿蛋糕上。

⑧ 把紅醋栗放在焦糖杏仁薄片上。

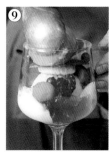

⑨ 用冰淇淋杓舀起紅醋栗雪酪，放在焦糖杏仁薄片上。

⑩ 把蜜漬和栗放在雪酪和玻璃杯之間。

◎長條狀餅乾

1 把牛奶 108g、水 27g、奶油 68g、洗雙糖 4g、鹽 1.8g 放入鍋中煮沸。

2 關火，一口氣加入已過篩的低筋麵粉 81g。為了避免結塊，所以要用攪拌器來確實攪拌。

3 告一段落後，開中火，用木製鍋鏟攪拌 1～2 次。由於麵團會從底部剝落，所以要立刻關火。

4 移至攪拌用調理盆內，用中速的打蛋器來攪拌。冷卻後，一邊用打蛋器來攪拌，一邊逐步少量地加入全蛋 68g。當麵團的硬度達到「舀起來後，垂下部分會形成三角形」時，就停止加入蛋液。

5 放入塑膠擠花袋中，把前端剪得非常細。在鋪上了 Silpat 烘焙墊的烤盤上擠出細長狀麵團，放入 220℃ 的烤箱中烤 5 分鐘（蒸氣調節器要打開）。

◎鮮奶油

1 將乳脂含量 41% 的鮮奶油 420g 和乳脂含量 35% 的鮮奶油 180g 混合，加入洗雙糖 36g，打發至 7 分硬度。「若將泡沫打得太硬，油分會殘留在口中，使人感到油膩」（馬場），因此要將鮮奶油控制在「勉強能夠維持形狀」的硬度。

◎栗子鮮奶油

1 把鮮奶油（乳脂含量 41%）40g 放入調理盆中，依序加入在常溫下變成髮蠟狀的奶油 12g、水飴 24g，攪勻。

2 事先將洗雙糖 10g 和焙茶粉（幸之茶屋）3g 混合。

3 依序將 1 和 2 加到和栗泥（有加糖，愛媛縣產）中，攪勻。

◎蜜漬和栗

1 把帶著鬼皮的和栗（愛媛縣產）和大量的水一起加入鍋中，開火煮沸。用中火煮約 50 分鐘。

2 去除 1 的鬼皮，浸泡在波美 30 度的糖漿中，進行冷凍。解凍後，試著切成兩半，大致上的完成基準為，距離澀皮 1～2mm 處帶有很深的顏色，試著吃吃看，若很好吃的話，即使外觀不是那樣也無妨。「只要進行冷凍，糖漿的滲透速度就會變快」（馬場）。

◎紅醋栗雪酪（成品大約為 2 公升）

1 把紅醋栗（Groseille）的果泥（Boiron 公司）790g、水 800g、洗雙糖 390g、葡萄糖 100g、蜂蜜 20g、檸檬汁 20g、穩定劑（Vidofix）5g 加入鍋中。開火，一邊加熱，一邊攪拌。當溫度達到 75℃ 以上時，就維持此溫度，加熱一分鐘。

2 把鍋子放在冰水上，並攪拌，使其降溫。放入義式冰淇淋機中約 5 分鐘。

⑪ 把糖粉奶油細末撒在雪酪上，以及雪酪和玻璃杯之間。

⑫ 擠上栗子鮮奶油（蒙布朗擠花嘴），將超出玻璃杯邊緣的部分覆蓋住。

⑬ 在栗子鮮奶油上擠上鮮奶油（口徑 12mm 的圓形擠花嘴）。

⑭ 使用長條狀餅乾來裝飾。

⑮ 撒上糖粉。

黑醋栗栗子芭菲

アステリスク（和泉光一）

在這道芭菲中，大量地擠上了用於製作高人氣小蛋糕「鮮奶油蒙布朗」的栗子鮮奶油，淋上酸味突出的黑醋栗醬汁。
客人在點餐時，可挑選 2 種冰淇淋。上圖採用的是香草與巧克力口味這種組合，讓人能夠盡情地享用栗子鮮奶油的美味。

完美栗子芭菲

パティスリー & カフェ デリーモ（江口和明）

這道芭菲中裝了，栗子泥冰淇淋、加入澀皮的冰淇淋、栗子澀皮煮、糖漬栗子、栗子鮮奶油，
能夠「完美地」品嘗到栗子的味道。

黑醋栗栗子芭菲

アステリスク（和泉光一）

糖粉…適量

◎加了堅果的蛋白霜…6g

◎千層酥皮…12g

◎黑醋栗醬汁…10g

◎栗子鮮奶油…50g

◎鮮奶油（打發至 9 分硬度）…30g

栗子澀皮煮（市售品・切成 4 等分）…2 顆分

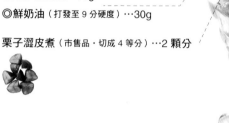

◎糖粉奶油細末…25g

◎巧克力冰淇淋…50g

◎香草冰淇淋…50g

◎鮮奶油（打發至 9 分硬度）…10g

◎糖粉奶油細末…8g

糖煮栗子
（「卡斯塔涅爾 30」MARUYA 公司）…2 顆

◎黑醋栗醬汁…20g

>>> 裝盤

① 把黑醋栗醬汁放入杯中。

② 依序放入糖煮栗子和糖粉奶油細末。

③ 用湯匙舀起鮮奶油，放入杯子的其中一側。

④ 把一球香草冰淇淋放在鮮奶油上，輕輕地按壓。

⑤ 把一球巧克力冰淇淋放在香草冰淇淋旁邊，並輕輕地按壓。

⑥ 讓糖粉奶油細末掉進冰淇淋之間的空隙。

⑦ 沿著玻璃杯邊緣放上栗子澀皮煮。

⑧ 擠上鮮奶油（星形擠花嘴・10 齒 15 號）

⑨ 擠上栗子鮮奶油（蒙布朗擠花嘴），把鮮奶油覆蓋住。

⑩ 淋上黑醋栗醬汁，放上千層酥皮和加了堅果的蛋白霜，使其靠在鮮奶油上。撒上糖粉。

◎加了堅果的蛋白霜（50～60 個份）

1 把充分冰過的蛋白 246g、乾燥蛋白 16.4g、細砂糖 136g 放入攪拌用調理盆中，用高速將其打發至 10 分硬度。

2 加入杏仁角 136g 和糖粉 191g，用橡膠鍋鏟迅速地輕輕攪拌，避免將泡沫弄破。

3 放入裝上了直徑 0.8cm 圓形擠花嘴的擠花袋中，擠出細長的雲形。放入 120℃的烤箱中烤 2 個半小時後，關掉烤箱電源，直接讓蛋白霜在烤箱內變乾。

◎千層酥皮

1 把千層酥皮的二次利用麵團（把多餘的麵團彙整而成）烤過，切成適當大小來使用。口感比原始麵團來得有咬勁，並能為芭菲增添酥脆口感。

◎黑醋栗醬汁（1 人份）

1 把黑醋栗果泥 20g、黑醋栗（冷凍・整顆）10g、糖漿 3g 混合，用手持式攪拌器打成雪酪狀。使用冷凍的黑醋栗，當有客人點餐時再製作，如此一來，在出餐時，就會形成融化得恰到好處的冰涼醬汁狀。

◎栗子鮮奶油

1 把栗子泥 540g、奶油 90g、牛奶 14.5g、鹽 0.1g 放入攪拌用調理盆中，用高速來攪拌，使其形成含有空氣的鬆軟狀態。放置一段時間後，香氣就會消失，所以要勤奮地製作。

◎鮮奶油（約 27 人份）

1 把乳脂含量 45% 的鮮奶油 600g、乳脂含量 47% 的鮮奶油 200g、乳脂含量 40% 的鮮奶油 200g、脫脂濃縮乳 10g、細砂糖 70g、香草精 1g 混合，打成泡沫。

◎糖粉奶油細末（店面的備料量）

1 把充分冰過的奶油 800g、糖粉 800g、杏仁粉（無皮）800g、低筋麵粉 800g 放入攪拌用調理盆中，用低速來攪拌成細緻的砂狀（沙狀混合法 Sablage）。在此狀態下，可以進行冷凍保存。

2 在鋪上了 Silpat 烘焙墊的烤盤上，將麵糊攤開，放入 150℃的烤箱中烤 20～30 分鐘，仔細地烤出香氣。

◎巧克力冰淇淋

1 把牛奶 972g 和鮮奶油（乳脂含量 35%）234g 放入鍋中煮沸，加入轉化糖漿（Trimoline）102g、細砂糖 234g、脫脂奶粉 36g、穩定劑（Vidofix）7.4g，攪勻。

2 加入黑巧克力（可可含量 55%）202g，使其溶解，攪勻。之後的做法與香草冰淇淋（下述）的步驟 4～5 一樣。

◎香草冰淇淋

1 把牛奶 1101g、奶油 108g、水飴 65g 放入鍋中。把一根香草豆莢切開，刮出香草籽，然後將香草莢和香草籽放入鍋中加熱。

2 把蛋黃 146g、細砂糖 231g、脫脂奶粉 92g、穩定劑（Vidofix）3.5g 放入調理盆中

3 當 1 沸騰後，加入 2 攪勻，一邊用攪拌器來攪拌，一邊加熱到 82℃。

4 把鍋子放在冰水上，使其急速冷卻，然後放進冰箱內靜置一晚（黏性會提升，變得容易聚集在一起）。

5 放入冰淇淋機中。當冰淇淋聚集起來，形成無法再吸入空氣的狀態後，就取出，放進冷凍庫保存。

完美栗子芭菲

パティスリー & カフェ デリーモ（江口和明）

◎巧克力片…適量

糖漬栗子
（「整顆的糖漬栗子」Imbert 公司）…15g

◎栗子鮮奶油…20g

澀皮栗子冰淇淋（市售品）*1
…約 50g

巧克力鮮奶油（p.217）…60g

香濃栗子冰淇淋（市售品）*2…約 50g

◎栗子澀皮煮（市售品・概略地弄碎）…80g
黑醋栗（冷凍・整顆）…適量
◎栗子澀皮煮（市售品・概略地弄碎）…約 4

法式薄餅碎片
（「皇家薄餅碎片」DGF・弄成細小碎片）
…10g

◎黑醋栗醬汁…20g

*1：加入了栗子澀皮煮的冰淇淋。可以
感受到澀皮的苦味。
*2：以栗子泥（無澀皮）作為基底，且
甜味強烈的冰淇淋。

◎56%巧克力醬汁…適量（另外附上）

〉〉〉裝盤

 ①  ②  ③  ④  ⑤

把黑醋栗醬汁放入玻璃杯中。

放入法式薄餅碎片。

放入栗子澀皮煮。

放入冷凍狀態的黑醋栗。

再次放入栗子澀皮煮。

◎巧克力片

1 以 1：1 的比例，把 2 種巧克力（「黑巧克力 56％ Ghana」Aalst、「maranta 61％（Luker Cacao）」）融在一起。加入等量的黑巧克力（可可成分 70％・「Acarigua（Weiss）」），使其融化。進行調溫，在 OPP 透明膜上倒上薄薄一層，使其凝固。凝固後，去掉透明膜，用手折斷。

◎栗子鮮奶油

1 把和栗泥（市售品）100g、栗子泥（「栗子鮮奶油」Corsiglia）100g、卡士達醬（省略解說）600g 混合，用桌上型攪拌器的低速將其攪拌成滑順狀。

◎黑醋栗醬汁

1 把黑醋栗（冷凍・整顆）500g、海藻糖 125g、檸檬汁 32g 放入鍋中，在冰箱內靜置一晚。隔天，開火加熱，煮到稍微滾一會兒。等到冷卻後再使用。

◎56％巧克力醬汁

1 把鮮奶油（乳脂含量 35％）200g、水 200g、細砂糖 50g、可可 50g 放入鍋中煮沸。加入黑巧克力（可可成分 66％・「Del'immo 原創黑巧克力」）166g，攪勻。出餐時，把巧克力醬汁倒入陶製水壺中，放入 700W 的微波爐中加熱約 5 秒，隨餐附上。

⑥ 放上一球香濃栗子冰淇淋，並用冰淇淋杓輕輕地按壓。

⑦ 擠上巧克力鮮奶油，使其高度達到玻璃杯邊緣（不使用擠花嘴）。

⑧ 放上一球澀皮栗子冰淇淋。

⑨ 來回擠上 2～3 次栗子鮮奶油（蒙布朗擠花嘴），將一半的冰淇淋包覆。

⑩ 在栗子鮮奶油的旁邊使用糖漬栗子來裝飾，把巧克力片插在冰淇淋上。

哈密瓜芭菲

フルーツパーラーフクナガ（西村誠一郎）

自製雪貝會使用禮盒等級的靜岡縣產皇冠哈密瓜。凝聚了香氣與甜味的內果皮也會徹底地使用，藉此來讓客人完整地品嘗到哈密瓜的滋味。除了雪貝之外，杯中其餘部分為果肉與香草冰淇淋。藉由這種簡單的搭配來突顯哈密瓜本身的美味。

靜岡縣產麝香哈密瓜芭菲

タカノフルーツパーラー（森山登美男、山形由香理）

在這道奢華的芭菲中，大量地使用了香氣十足的靜岡縣產麝香哈密瓜。一棵樹只能種出一顆這種哈密瓜。
麝香哈密瓜的果肉、汁液、雪貝搭配上冰淇淋與發泡鮮奶油。透過這種簡單的組合來讓客人直接品嘗到哈密瓜的美味。

哈密瓜芭菲

フルーツパーラーフクナガ（西村誠一郎）

貓眼葡萄（將果皮剝成花朵狀）…1 顆

發泡鮮奶油…適量
>>>由於「含有植物性油脂的奶油和水果比較搭」（西村），所以會選擇複合式鮮奶油（乳脂含量18%・植物性脂肪含量27%）。加入 20%的糖，將奶油打發至 10 分硬度。

哈密瓜（切成半月形）…30g

哈密瓜雪貝
（自製・P.199）…40g

哈密瓜（切塊）…40g

牛奶冰淇淋（市售商品）…30g
>>>使用乳脂含量 3%、植物性脂肪含量2%、非乳脂固形物 8%的產品。透過清爽的味道來襯托出水果的甘甜與香氣。

哈密瓜雪貝
（自製・P.199）…40g

>>> 裝盤

① 用冰淇淋杓舀起哈密瓜雪貝，放入玻璃杯中。

② 把牛奶冰淇淋也放入杯中。

③ 放上切塊的哈密瓜。

④ 用冰淇淋杓舀起哈密瓜雪貝，放入杯中，用冰淇淋杓輕輕按壓，將表面磨平。

⑤ 放上哈密瓜。把較尖的那邊放在雪貝上，讓另一邊超出玻璃杯。

⑥ 把發泡鮮奶油擠在雪貝上（5 齒 8 號的星形擠花嘴）。

⑦ 放上將果皮剝成花朵狀的貓眼葡萄，使其靠在發泡鮮奶油上。

哈密瓜芭菲的裝盤重點

哈密瓜的下側（沒有連接藤蔓的那側）比較甜。因此，要放在玻璃杯上部的哈密瓜要使用下側的部分。而且，在放哈密瓜時，要讓下側的頂端部分位於玻璃杯中的後側。如此一來，客人就會用手去拿超出玻璃杯的前方部分，第一口會吃到另一側，也就是味道最甜的下側。藉由讓客人第一口就吃到哈密瓜最美味的部分，就能讓客人對其味道留下強烈印象。

另外，放在玻璃杯上部的部分會刻意不削去果皮。果皮與果肉的交界處含有最多的果香。只要用手拿到嘴巴旁，果皮就會靠近鼻子，讓人可以同時聞到香氣。再加上，若帶有果皮的話，客人應該就能盡情地品嘗果皮周圍的部分吧。（西村）

關於哈密瓜

使用的是靜岡縣產皇冠哈密瓜。要挑選網眼細緻、外觀漂亮、香氣佳的產品。催熟要在常溫下進行。試著稍微按壓底部（沒有連接藤蔓的那側），當哈密瓜成熟到手指似乎可以稍微伸進去的程度，就代表可以吃了。

〉〉〉哈密瓜的切法

① 將藤蔓側的邊緣切除。

② 縱向切成兩半，去除籽和內果皮。

③ 從切半的部分中再切出約 1/6（1/12 顆分）。

④ 斜向地下刀，切成兩半。

⑤ 由於底部這邊的半顆部分會放在玻璃杯中的上部，所以直接放在一旁備用。把藤蔓側的半片部分去皮。

⑥ 切成一口大小。

靜岡縣產麝香哈密瓜芭菲

タカノフルーツパーラー（森山登美男、山形由香理）

薄荷葉…適量

發泡鮮奶油（打發至 8 分硬度）
…適量
>>>由於脂肪含量太高的話，會過於濃
郁，所以混合使用鮮奶油和植物性鮮奶
油來做出清爽的味道。糖度要低一點。

麝香哈密瓜、開心果泡芙酥
皮、發泡鮮奶油（上述）…適量
>>>在挖成圓球狀的麝香哈密瓜上插上
模仿藤蔓造型的開心果泡芙酥皮，然後
擠上發泡鮮奶油來呈現哈密瓜的網眼花
紋。

麝香哈密瓜（帶皮 2 片、無皮 4
片、挖成圓球狀 1 個）…200g

哈密瓜雪貝…80g
>>>用攪拌機將麝香哈密瓜打成泥狀，
加入糖漿攪勻，放入冰淇淋機中，做成
雪貝。

發泡鮮奶油（左述）…15g

麝香哈密瓜果汁…適量
>>>把麝香哈密瓜的果肉放入攪拌機
中打成泥狀。

霜淇淋…100g
>>>向廠商特別訂製的產品，和水果
一起吃會很好吃。甜度與乳脂含量
都較低，味道很清爽。

麝香哈密瓜（切塊）…少許
麝香哈密瓜果汁（上述）
…5～10ml

〉〉〉裝盤

① 把麝香哈密瓜果汁倒入
玻璃杯底，將切塊的麝
香哈密瓜放入果汁中。

② 把霜淇淋擠進玻璃杯的
中央。

③ 在霜淇淋周圍擠上發泡
鮮奶油。

④ 將哈密瓜雪貝放在中
央，並以圍住雪貝的方
式放上 4 片已去皮的麝
香哈密瓜。

⑤ 在前方放上 2 片帶皮的
麝香哈密瓜來當作裝
飾。

⑥ 放上挖成圓球狀的麝香
哈密瓜。

⑦ 在 6 的麝香哈密瓜上用
發泡鮮奶油擠出網眼狀
花紋，插上泡芙酥皮。

⑧ 擠上發泡鮮奶油，使用
薄荷葉來裝飾。

⑨ 從上方觀看裝盤，會是
這幅模樣。

關於麝香哈密瓜

芭菲中所使用的麝香哈密瓜是經過催熟後，處於最佳食用狀態的產品。由於成熟速度會依照時期而有所不同，在夏天，為了延長保存期限，業者會提前出貨，因此，需要花時間來進行催熟。冬天的產品會比較快熟。最佳食用狀態的大致基準

為，蒂頭變軟的時候。當香瓜還很硬時，用手指敲打會發出高音，熟了之後，聲音就會變低。由於辨別時需仰賴很細膩的感覺，所以我會讓員工觸摸、品嘗最佳食用狀態的香瓜，累積經驗，學會辨別水果是否處於美味狀態。（森山）

〉〉〉麝香哈密瓜的切法①

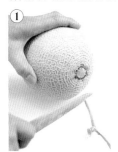

去除蒂頭。

縱向切成兩半，把與內果皮兩端果肉相連的部分切斷，讓人可以方便去籽。

去籽。

切成 5 等分。

再切成 5 等分。藉由斜切來呈現放射狀的美麗裝盤。

〉〉〉麝香哈密瓜的切法②

不要移動哈密瓜，讓小菜刀以滑動的方式削去果皮。

斜切成 4～5 等分。

〉〉〉挖出圓球狀

把水果挖球器靠在果肉上。

轉動水果挖球器，挖出果肉。

〉〉〉用果皮來製作裝飾

把果皮上殘留的果肉切掉。

斜向地切除邊緣部分。

切出果皮來。

把兩端弄成圓形，放在芭菲上。

麝香哈密瓜芭菲

千疋屋総本店フルーツパーラー 日本橋本店（井上亜美）

這道奢華的芭菲使用了高級麝香哈密瓜「皇冠哈密瓜」來製作。平均一人份會使用約 1/4 顆之多。
搭配上香草冰淇淋、哈密瓜雪貝、發泡鮮奶油，讓人直接品嘗哈密瓜的美味。
由於能用比起自己買哈密瓜來得實惠的價格品嘗到最佳食用狀態的香瓜，所以整年都很受歡迎。

風車芭菲

トシ・ヨロイヅカ 東京（鎧塚俊彦）

為了發揮哈密瓜的清爽味道，所以添加了優格的柔順酸味與藍莓的清爽酸味。
在冰淇淋部分，除了哈密瓜雪酪以外，還使用了清爽的牛奶冰淇淋。這道芭菲能讓人在炎炎夏日中感受到涼意。

麝香哈密瓜芭菲

千疋屋総本店フルーツパーラー 日本橋本店（井上亜美）

細葉芹…適量

發泡鮮奶油…40g
>>>把等量的鮮奶油（乳脂含量47％）和複合式鮮奶油（乳脂含量 18％・植物性脂肪含量27％）混合，打發至9分硬度。

哈密瓜（無皮）
…2 片（1/12 顆分）

哈密瓜（帶皮）
…3 片（1/12 顆分）

哈密瓜雪貝（自製）
…60g

發泡鮮奶油（左述）…10g

香草冰淇淋…60g

哈密瓜（切塊）…1/12 顆分

〉〉〉裝盤

① 把切塊的哈密瓜放進杯中。

② 放上 1 球香草冰淇淋。

③ 擠上發泡鮮奶油，將冰淇淋與玻璃杯之間的空隙填滿。

④ 放上 1 球哈密瓜雪貝。

⑤ 以放射狀的方式在冰淇淋的周圍放上哈密瓜來當作裝飾。3 片帶皮的哈密瓜位於後側，2 片無皮的哈密瓜位於前側。

⑥ 把發泡鮮奶油擠在冰淇淋上（星形擠花嘴・8 齒 6 號）。

⑦ 把細葉芹放在發泡鮮奶油上。

關於麝香哈密瓜

在一棵皇冠哈密瓜的果樹所結成的果實中，會挑選最出色的一顆來培育、採收。本公司只會採購由專業檢查人員進行果肉品質、糖度等嚴格的品質檢查後的合格產品。進貨後，會在常溫下進行催熟，使其達到最佳食用狀態。大致上的基準為，試著用手指敲打後，會發出低沉的聲音。先放入冰箱中冷藏一天後再使用。（井上）

〉〉麝香哈密瓜的切法

 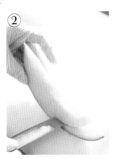  

①	②	③	④
把已被切成 12 等分的帶皮哈密瓜斜切成 3 等分。當成用來放在芭菲上部的帶皮哈密瓜。	以果皮朝下的方式將被切成 12 等分的哈密瓜放在砧板上，移動菜刀，削去果皮。	斜切成兩半。當成用來放在芭菲上部的無皮哈密瓜。	與 2 相同地將去皮哈密瓜切成一口大小。當成用來放在芭菲下部的部分

風車芭菲

トシ・ヨロイヅカ 東京（鎧塚俊彦）

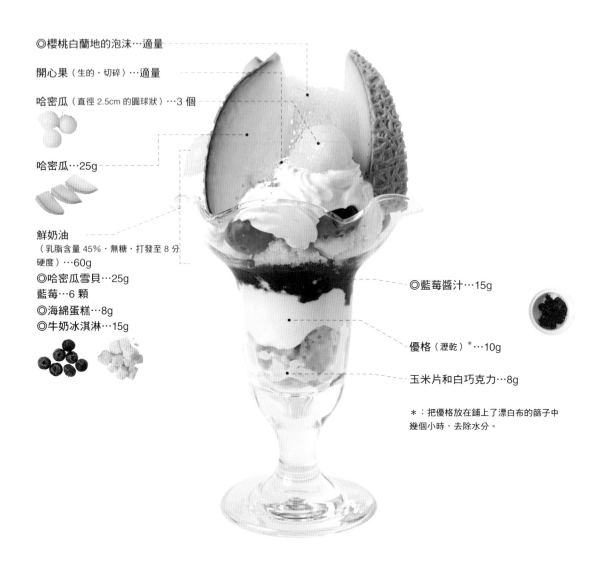

◎櫻桃白蘭地的泡沫…適量

開心果（生的・切碎）…適量

哈密瓜（直徑 2.5cm 的圓球狀）…3 個

哈密瓜…25g

鮮奶油
（乳脂含量 45%・無糖・打發至 8 分
硬度）…60g
◎哈密瓜雪貝…25g
藍莓…6 顆
◎海綿蛋糕…8g
◎牛奶冰淇淋…15g

◎藍莓醬汁…15g

優格（瀝乾）*…10g

玉米片和白巧克力…8g

*：把優格放在鋪上了漂白布的篩子中
幾個小時，去除水分。

>>> 裝盤

① 以隔水加熱的方式將白
巧克力融化，加入碎玉
米片，攪勻（玉米片和白
巧克力）。

② 把 1 放入玻璃杯底。

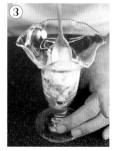

③ 放入已瀝乾的優格，並
將表面弄平。

④ 加入藍莓醬汁，放上 1
球牛奶冰淇淋。

⑤ 用手把海綿蛋糕撕開，
放入杯中，將冰淇淋覆
蓋住。

◎櫻桃白蘭地的泡沫

1 把櫻桃白蘭地 15g、糖漿 100g、檸檬汁 2g、乳化劑（大豆卵磷脂）1g 混合。

2 將 **1** 放入有深度的調理盤中，把空氣幫浦*的水管前端插進液體中，開啟電源，製造泡沫。

＊：使用用來飼養熱帶魚等的市售商品。

~~~~~~~~~~~~~~~~~~~~~~~~~~~~~

◎哈密瓜雪貝

1 把哈密瓜果泥 200g、水 130g 加熱。把細砂糖 40g 和穩定劑（Vidofix）3g 用磨的方式攪拌，加進鍋中。

2 把鍋子放在冰水上，使其冷卻，加入適量的力加酒，然後放入冰淇淋機中。

~~~~~~~~~~~~~~~~~~~~~~~~~~~~~

◎海綿蛋糕

1 參考抹茶與焙茶的芭菲的「抹茶口味的海綿蛋糕」（p.223）的作法，製作時只要省略掉抹茶即可。

◎牛奶冰淇淋

1 把細砂糖 40g、脫脂奶粉 17g、穩定劑（Vidofix）1.6g 用磨的方式攪拌。

2 把牛奶 57g、脫脂濃縮乳 200g、水飴 10g 加熱到接近體溫的程度，加入 **1** 和雙倍鮮奶油攪勻。一邊將鍋子放在冰水上，一邊攪拌，使其降溫，然後放入冰淇淋機中。

~~~~~~~~~~~~~~~~~~~~~~~~~~~~~

◎藍莓醬汁

1 把藍莓（生）100g 和細砂糖 40g、水 20g 放入鍋中加熱。

2 煮到稍微滾一會兒後，舀起浮沫，轉成小火，煮到產生黏稠感為止。中途要勤奮地把浮沫撈掉。

⑥ 以等間隔的方式擺上藍莓，用冰淇淋杓舀起哈密瓜雪貝，放入杯中。

⑦ 把鮮奶油裝進已裝上星形擠花嘴（10 齒・8 號）的擠花袋中，然後將鮮奶油擠在藍莓之間。

⑧ 把哈密瓜切成 16 等分的半月形，然後再切成兩半。以果皮朝向左邊的方式，間隔地放上 3 片。

⑨ 把鮮奶油擠在半月形的哈密瓜之間。

⑩ 在步驟 **9** 的鮮奶油上各放上 1 個挖成圓球狀的哈密瓜。撒上開心果，用湯匙放上櫻桃白蘭地的泡沫。

香蕉巧克力芭菲

千疋屋総本店フルーツパーラー 日本橋本店（井上亜美）

這道風格王道的芭菲裝了大量的香蕉與香蕉冰淇淋、巧克力醬汁、巧克力冰淇淋。

熟度剛剛好的大尺寸香蕉的濃郁滋味，搭配上相較之下味道較清爽的香蕉冰淇淋，打造出會令人上癮的味道。

把香蕉脆片藏在玻璃杯底，一邊讓口感產生變化，一邊讓客人直到最後都能品嘗到香蕉的滋味。

草莓香蕉巧克力芭菲

フルーツパーラー ゴトー（後藤浩一）

這道巧克力香蕉芭菲加了草莓，香蕉的鮮奶油色與草莓的紅色之間的對比很美。
店長後藤先生喜愛的稍硬香蕉帶有清爽的味道，且能讓人確實地感受到酸味。
草莓的口感、酸味、甜味也達到很好的平衡。透過自製的香蕉冰淇淋的質樸味道來呈現很有深度的餘韻。

香蕉巧克力芭菲

千疋屋総本店フルーツパーラー 日本橋本店（井上亜美）

細葉芹…適量
開心果（弄碎）…適量

巧克力醬汁…適量

發泡鮮奶油…40g
>>>把等量的鮮奶油（乳脂含量47％）和複合式鮮奶油（乳脂含量18％・植物性脂肪含量27％）混合，打發至9分硬度。糖度要低一點。

香蕉（斜切）…6片

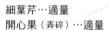

香蕉冰淇淋（自製）…60g

發泡鮮奶油（左述）…10g

香草冰淇淋…60g

巧克力冰淇淋（自製）…60g

巧克力醬汁…適量
玉米脆片（概略弄碎）…5片分

>>> 裝盤

① 放入概略弄碎的玉米脆片。

② 一邊轉動玻璃杯，一邊用巧克力醬汁在玻璃杯內側畫出線條。

③ 放上1球巧克力冰淇淋。

④ 放上1球香草冰淇淋。

⑤ 擠上發泡鮮奶油，把香草冰淇淋和玻璃杯之間的空隙填滿。

⑥ 放上1球香蕉冰淇淋。以放射狀的方式，將香蕉擺放在其周圍。

⑦ 擠上發泡鮮奶油（星形擠花嘴・8齒6號）。

⑧ 把巧克力醬汁淋在發泡鮮奶油上。

⑨ 撒上開心果，使用細葉芹來裝飾。

關於香蕉

依照時期，會分別使用厄瓜多產與菲律賓產。由於送來的香蕉尚未成熟，所以要在常溫下放置幾日，進行催熟。開始出現名為糖斑（sugar spot）的黑點時，香蕉會處於最佳食用狀態。（井上）

〉〉〉 香蕉的切法

把兩端切除。	用手拿著香蕉，由上而下地在果皮上用菜刀劃出兩道縱向的切口。	把帶有切口的部分的果皮剝下。	剝掉剩下的果皮。	斜切成厚度 1.5cm。不使用兩端部分。

裝盤的重點

擺放香蕉時，要讓剖面交互地朝向內側與外側。只要擺得稍微有點傾斜，就能呈現出躍動感。（井上）

草莓香蕉巧克力芭菲

フルーツパーラー ゴトー（後藤浩一）

巧克力醬汁（Hershey's）
…適量

鮮奶油…適量
>>>將乳脂含量 47％的鮮奶油
240g 和乳脂含量 42％的鮮奶油
100g 混合，加入上白糖 40g、香
草精數滴，打發至 9 分硬度。

夏日花冠草莓（縱切成兩半）…2 顆分

香蕉（斜切成厚度 2.5cm）…4 片

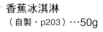

香蕉冰淇淋
（自製・p203）…50g

草莓果醬
（自製・p38）…1 小匙

香草冰淇淋
（高梨乳業）…40g

香蕉（切塊）…約 1/4 根分
巧克力醬汁（同上）…適量

〉〉〉裝盤

① 以畫線的方式在玻璃杯內側淋上巧克力醬汁。

② 放入切塊的香蕉。

③ 放入香草冰淇淋，用冰淇淋杓來按壓，將其塞進去。使用冰淇淋杓來讓中央部分凹陷。

④ 把草莓果醬放入冰淇淋中央的凹陷部分。

⑤ 放上 1 球香蕉冰淇淋。

⑥ 等間隔地擺放香蕉，並要讓香蕉的較尖那端端朝向內側。

⑦ 把草莓放在香蕉之間。將原本屬於同一顆果實的草莓放在面對面的位置。

⑧ 擠上鮮奶油（星形擠花嘴・6 齒 6 號），使其高度比香蕉高出約 2cm。

⑨ 把巧克力醬汁淋在鮮奶油上。

x

140

關於香蕉

由於我認為放在芭菲中的香蕉要切成一口大小比較好，所以使用一串有 4 根的大尺寸香蕉（左圖）。一串有 6 根的細香蕉（右圖）則會用來製作冰淇淋。由於我喜歡略不成熟的味道，所以會使用還沒出現糖斑的香蕉。用報紙包起來，放進冷凍庫中，可以在 4～5 天中保持相同狀態。（後藤）

〉〉〉香蕉的切法

① 略長地切掉兩端的部分。

② 把剩下部分斜切成厚度 2～3cm。

③ 將 2 挪動，以對齊邊緣的方式排好。先在 4～5 片香蕉的果皮邊緣畫上切口。

④ 從切口剝下果皮。

⑤ 把兩端部分切塊，用於放在芭菲底部與製作冰淇淋。

關於夏日花冠草莓

在草莓部分，我會使用在各個時期能取得的產品。雖然夏天的草莓是公認的不好吃，又酸又硬，但現在的品種改良已有進步，像是夏日花冠草莓（山形縣產）這種又大又甜的國產草莓也在增加中。剖面很漂亮也是其特色。會在 5～11 月上市。新鮮的草莓有彈性，而且葉子青翠。雖然要盡快使用完畢，但送達後，我認為先放入冰箱冷藏一天後，味道會變得比較穩定。（後藤）

＊草莓的切法請參照 p.39。

裝盤的重點

在擺放香蕉時，只要讓較尖那端朝向內側，就能形成很洗練的設計。在擺放草莓時，藉由讓原本屬於同一顆草莓的部分互相面對面，就能形成左右對稱的美麗形狀。另外，在擺放時，要將剖面朝向相同方向。（後藤）

較尖那端朝向內側

同一顆草莓

「カフェ中野屋」所開闢的芭菲新天地與其創意
「カフェ中野屋」位於東京・町田，販售烏龍麵與芭菲。

從 2004 年開業以來，店長森郁磨就非常認真地持續研究芭菲。
在大幅地超越了傳統概念的創作當中，充滿了能使芭菲變得更有深度的啟示。

當季草莓玫瑰造型芭菲

將腦中所浮現的設計化為實體

說到「カフェ中野屋」的話，當然就是那美得驚人的設計。是如何將腦中所浮現的造型化為實體的呢？在味道上，也會做成具備必然性的產品嗎？下面會介紹一部分在經過一番苦戰後而誕生的芭菲。

使用 2 種葡萄來呈現魚鱗造型。
芭菲中放了莫斯卡托氣泡酒
（Moscato d'Asti）果凍與香橙鮮奶油。

使用在紅寶石波特酒中低溫
醃泡過的蘋果作成的花束造型芭菲。
卡爾瓦多斯蘋果白蘭地冰淇淋

稍微醃泡過的河內晚柑、
搖盪的花果醋果凍、
加了酥餅碎（Crumble）的生起司的芭菲

當季草莓玫瑰造型芭菲

在設計上，使用切得非常薄的草莓來呈現玫瑰造型。藉由切成薄片，就能擴大表面積，讓人能夠更加地感受到草莓的馥郁甜味與香氣。玻璃杯中放上熱騰騰的草莓義大利燉飯，讓人享受到溫度的差異。裝盤→P.146

使用 2 種葡萄來呈現魚鱗造型。

芭菲中放了莫斯卡托氣泡酒（Moscato d'Asti）果凍與香橙鮮奶油。

魚鱗造型是透過「一邊將薄片材料錯開，一邊擺放」這種法式料理手法來呈現。受到圓形的連貫性的吸引後，主廚試著透過芭菲來重現此造型。使用 2 種可以連皮一起吃的無籽葡萄。將葡萄擺放成螺旋狀，讓人享受光線穿透的美感。裝盤→P.147

使用在紅寶石波特酒中低溫醃泡過的
蘋果作成的花束造型芭菲。
卡爾瓦多斯蘋果白蘭地冰淇淋

經過反覆嘗試才透過蘋果作出花束造型的芭菲。最後找到的方法為，把糖煮蘋果切成非常薄的薄片，並迅速地疊起來。裡面有蘋果酒、使用卡爾瓦多斯蘋果白蘭地做成的冰品。裝盤→P.147

稍微醃泡過的河內晚柑、搖盪的花果醋果凍、
加了酥餅碎（Crumble）的生起司的芭菲

把日向夏冰淇淋埋進生起司慕斯中，用切成小片狀的河內晚柑來包覆表面。把加了花瓣的果凍蓋在上面。透明的橘色與搖盪的果凍很美。裝盤→P.147

143

將傳統糕點重新組合成芭菲

重點在於，一邊以法國和義大利的傳統糕點為主題，一邊讓日本的獨特要素融入其中。雖然做成與原本糕點完全不同的形態，卻能讓人感受到精華。

草莓與開心果慕斯的草莓費雪蛋糕風格芭菲

主題是海綿蛋糕中夾著草莓與奶油霜（buttercream）的法式點心「草莓費雪蛋糕（fraisier）」。依照草莓的高度來使用雕花玻璃杯，美麗地呈現草莓的剖面。右圖為 3 層的版本。使用香川縣的鄉土點心「花嫁果子」來裝飾，透過和風食材來呈現西式可愛風格。裝盤→P.148

把茨城縣產紅遙地瓜製成的地瓜乾餡料與黑醋栗白米義式冰淇淋的蒙布朗做成芭菲風格

在義大利的話，會使用栗子，在日本的話，說到鬆軟的食材，當然是地瓜。若使用一般甘薯的話，就太無趣了，所以把地瓜乾泡進牛奶中，並進行蒸煮，和白豆沙混合，做成糊狀。將其擠在白米義式冰淇淋上，然後用鮮奶油來包覆。裝盤→P.148

純米大吟釀的薩瓦蘭蛋糕（Savarin）、福井縣鯖江的酒粕製成的甘納許（Ganache）和義式冰淇淋、京都宇治濃茶雪酪的芭菲

把加了蘭姆酒的糖漿加進食材中。膨脹得很厲害的薩瓦蘭蛋糕中則使用了日本酒。疊上酒粕冰淇淋、讓大吟釀酒與抹茶糖漿滲透其中的薩瓦蘭蛋糕，放上帶有檜木香氣的大吟釀酒雪酪。裝盤→P.148

以日本的四季為主題

把四季風光融入芭菲中也是中野屋的拿手好戲。透過一眼就能看出來的設計、令人回
想起兒時記憶的味道、充滿玩心的風格來一口氣抓住客人的心。

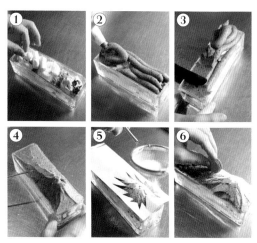

丹波的黑豆蒙布朗、
落日造型的芭菲 黃豆粉與香橙的香氣

使用黑豆糊來製作出富士山造型，把抹茶口味的巧克力蛋
糕撕開，呈現出樹海的模樣。紅色馬卡龍做成的夕陽將山
腳下的原野染紅。把容器當成湖泊，香橙雪酪則是映照
在湖面上的落日。

1 把義式奶酪鋪在容器內，上面放上黑豆黃豆粉冰淇淋、
香橙雪酪、牛奶義式冰淇淋、白玉糰子。撒上法式薄餅碎
片，把黃豆粉蛋白霜堆在其中一端，當成富士山的基底部
分。2 擠上黑豆糊。3 用抹刀將黑豆糊弄平，做出富士山
的形狀。4 用金屬籤來畫出紋路，呈現出山的表面。5 打
厚紙板剪成星型，放在 4 上，撒上糖粉，呈現出降雪的模
樣。6 把抹茶口味的巧克力蛋糕撕開，放在富士山的另外
一邊，當成樹海，把紅色馬卡龍插在山腳下的原野上。撒
上冷凍乾燥的覆盆子來當成夕陽的光線。

地瓜與蘋果、
透過拉弗格（Laphroaig，一種威士忌）的煙燻香氣
來呈現「秋天」景色的芭菲

在加了帶有煙燻香氣的威士忌「拉弗格」做成的慕斯上疊
上蘋果醬、香草冰淇淋，然後使用做成泥土造型的巧克力
蛋糕來覆蓋。在上面部分，使用紫地瓜泥來包覆甘藷泥，
放上用櫻花木屑冷燻而成的迷你地瓜（左上圖）。蓋上使用
枯枝來裝飾的籃子，讓裡面裝滿山胡桃木屑的煙後，端到
客人桌上（右上圖）。一打開籃子後，煙就會冒出來。（下
圖）

酒粕「花垣」義式冰淇淋與梅子果醬與
接骨木花果凍 烤道明寺櫻餅與香橙的香氣
紫陽花造型的芭菲

以鎌倉的「紫陽花寺」為主題。玻璃杯中放了香橙雪酪、
義式奶酪、卡士達醬、烤道明寺櫻餅、名為梅雨的梅子果
醬。放上使用福井的日本酒「花垣」的酒粕所製成的義式
冰淇淋，使用鮮奶油慕斯來覆蓋後，貼上花朵形狀的接骨
木花果凍來呈現紫陽花造型。接骨木花是花的精華。只要
改變濃度，顏色就會變成藍色或紫色。

145

「當季草莓玫瑰造型芭菲」的草莓切法與裝盤

①

從草莓中央切出 3 片薄片。要切成一樣厚。

②

在步驟 1 中切出來的 3 片草莓。將其當成最外側的花瓣。雖然若太薄的話，就會下垂，但果肉較硬時，可以切得薄一點。

③

把步驟 1 的剩下草莓橫放砧板上，削成薄片。手不用摸草莓。

④

把屬於同一顆草莓的部分集中起來，依照大小順序來排列。由於切開後，草莓就會逐漸失去水分，所以要迅速地切。

⑤

在玻璃杯邊緣塗上鮮奶油慕斯。在玻璃杯中疊上切塊的草莓、草莓果醬、牛奶凍、卡士達醬、蕾絲瓦片（tuile dentelle）。

⑥

在慕斯上，一邊把 1～2 的草莓錯開來，一邊擺放成一圈。

⑦

塞入草莓義大利燉飯，使其範圍達到玻璃杯的邊緣，然後疊上烤過的杏仁奶油和卡士達醬。

⑧

放上玫瑰冰淇淋，輕輕地按壓。

⑨

把最小片的草莓捲起來，立在冰淇淋上，當成玫瑰的花蕊。

⑩

在 9 的周圍慢慢地貼上較大的草莓片。

⑪

想像玫瑰花開的模樣，繼續貼上較大的草莓片。

⑫

完成冰淇淋上面的玫瑰後，在冰淇淋側面貼上一圈草莓。使用從較小的草莓的正中央切出來，且不會太薄的果肉。

⑬

在步驟 12 中貼上的草莓之間插上切成薄片的草莓，並用指尖按壓邊緣，使其移動。

⑭

為了呈現出花瓣的自然形狀，所以要將草莓片插進縫隙中，把邊緣部分弄彎，調整形狀。

⑮

撒上刨絲檸檬皮，用金屬籤的尖端來觸碰草莓切片，進行最後的微調。

「使用 2 種葡萄來呈現魚鱗造型。芭菲中放了莫斯卡托氣泡酒（Moscato d'Asti）果凍與香橙鮮奶油」的裝盤

把白酒果凍、義式奶酪、香橙鮮奶油等放入玻璃杯中。疊上自製的香草冰淇淋與烤過的杏仁奶油，塗上鮮奶油慕斯。

使用鮮奶油慕斯來完全覆蓋杯口，並做成平緩的山丘狀。

在玻璃杯的邊緣，交互地放上 2 種葡萄切片，圍成一圈。切片選用的是最靠近中央的大尺寸切片。

排完一圈後，以漩渦狀的方式排第 2 圈。使用尺寸比 3 來得小的葡萄切片。

把更小的葡萄切片也排上去，將鮮奶油慕斯完全覆蓋。最後一片要使用紅葡萄的邊緣部分，並放在中央。

「使用在紅寶石波特酒中低溫醃泡過的蘋果作成的花束造型芭菲。卡爾瓦多斯蘋果白蘭地冰淇淋」的蘋果裝盤

   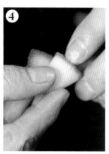 

把蘋果切成兩半，使用波特酒、紅石榴糖漿、肉桂、紅酒等來對蘋果進行低溫醃泡後，切成非常薄的薄片。

在玻璃杯中疊上義式奶酪、法式薄餅碎片，放上卡爾瓦多斯蘋果白蘭地冰淇淋再放上將 1 的湯汁結凍後做成的冰沙。

把邊緣的 2 片小尺寸蘋果片捲起來，放在冰沙中央，當成花蕊。

把切片捲成圓錐形。

在 3 的周圍插上 3 層的 4。接著，將 3 的周圍緊密地圍起來。

「稍微醃泡過的河內晚柑、搖盪的花果醋果凍、加了酥餅碎（Crumble）的生起司的芭菲」的裝盤

在玻璃杯中鋪上生起司慕斯，把日向夏冰淇淋埋在中央。

用河內晚柑的果肉來包覆，然後撒上切成小塊的芒果、切碎的開心果、晚柑果凍、油封果皮。

把調成黃色的果凍液倒進淺調理盤中後，將淺調理盤放在冰水上。凝固後，用圓形模具做出造型，放在保鮮膜上。撒上花瓣。

連同保鮮膜一起放在玻璃杯中，輕輕地取下保鮮膜。

用手掌按壓，讓果凍和晚柑緊密地結合。若果凍很薄的話，就會黏在玻璃杯上，若太厚的話，則不會垂下。在步驟 3 中，要將厚度調整到剛好。

「草莓與開心果慕斯的草莓費雪蛋糕風格芭菲」的裝盤

① 以剖面朝向外側的方式，將草莓貼在玻璃杯內側。要將草莓排列得很緊密，達到「即使將玻璃杯傾斜，草莓也不會掉落」的程度

② 在草莓之間塗上開心果慕斯。

③ 疊上卡斯特拉蛋糕、達克瓦茲蛋糕、草莓果醬、法式薄餅碎片、草莓雪酪，並用抹刀將雪酪弄平。

④ 緊密地塞進開心果慕斯，使其範圍達到玻璃杯邊緣。

⑤ 用糖粉來覆蓋表面。使用馬卡龍、冷凍乾燥的覆盆子、食用花卉來裝飾。

「將茨城縣產紅遙地瓜製成的地瓜乾餡料與黑醋栗、白米義式冰淇淋的蒙布朗做成芭菲風格」的裝盤

① 把鮮奶油慕斯塗在玻璃杯內側。在中央疊上卡斯特拉蛋糕、卡士達醬、黑醋栗果醬、白米義式冰淇淋。把地瓜乾餡料擠在其周圍。

② 擠上地瓜乾餡料，將義式冰淇淋等完全覆蓋。用抹刀將餡料輕輕地抹平。

③ 塗上鮮奶油慕斯。

④ 把 3 的慕斯調整成圓錐狀。撒上大量糖粉。

⑤ 在 4 與玻璃杯之間使用蛋白霜來裝飾。撒上冷凍乾燥的覆盆子與開心果。

「純米大吟釀的薩瓦蘭蛋糕（Savarin）、福井縣鯖江的酒粕製成的甘納許（Ganache）和義式冰淇淋、京都宇治濃茶雪酪的芭菲」裝盤

① 疊上酒粕製成的義式冰淇淋和甘納許、法式薄餅碎片、濃茶雪酪、讓日本酒和抹茶糖漿滲入其中的薩瓦蘭蛋糕，用煉乳慕斯來覆蓋。

② 塗上鮮奶油慕斯，使其隆起得比玻璃杯稍高後，撒上糖粉。

③ 把花朵造型的紫花地丁利口酒果凍夾在 2 個直徑 1cm 的半球型日本酒果凍中間，做成一個球型。

④ 在 2 的表面放上半球型的日本酒果凍和 3。

⑤ 放上帶有檜木香氣的大吟釀酒雪酪，以及食用花卉與紫花地丁的利口酒果凍。

2

有點罕見的芭菲

柿子

柑橘

番茄

杏桃

李子

蘋果

日本梨

西瓜

柿子芭菲

フルーツパーラーフクナガ（西村誠一郎）

把佐渡島產的 OKESA 柿催熟到黏稠狀態後，打成泥，然後凍起來，做成雪貝。

搭配上與 OKESA 柿截然不同，且可以讓人享受到清脆口感的富有柿，做成一道芭菲。

完全成熟後的 OKESA 柿非常黏稠，帶有濃郁甜味，擁有宛如像是柿乾般的熟成感。

在這種搭配中，OKESA 柿與清爽的富有柿之間的對比很有趣，可以讓人感受到柿子滋味的極大差異。

甲州百匁柿芭菲

フルーツパーラー ゴトー（後藤浩一）

甲州百匁柿是一種會用於製作乾柿等的澀柿。只要妥善地去除澀味，使其熟成後，就會變得又軟又黏稠，
形成帶有濃郁甜味與芳醇的獨特滋味。在這道芭菲中，可以讓人一次吃到「黏稠的醬汁狀」、
「軟到用舌頭就能弄碎的狀態」、「保留了柔軟口感的狀態」這3種不同熟度的柿子。

柿子芭菲

フルーツパーラーフクナガ（西村誠一郎）

石榴…適量

發泡鮮奶油…適量
>>>當含有植物性油脂的奶油和水果比
較搭時，會選擇複合式鮮奶油（乳脂含
量 18%，植物性脂肪含量 27%）。加
入 20%的糖，將奶油打發至 10 分硬
度。

柿子
（富有柿、切成半月形、保留了果皮與蒂頭）
…約 1/4 顆

柿子
（富有柿、切成半月形、去皮）
…1/12 顆

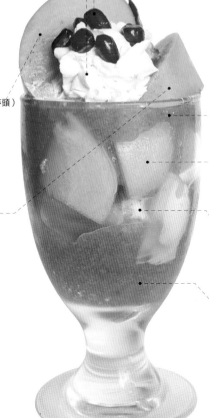

OKESA 柿雪貝（自製·p.200）
…40g

柿子（富有柿、切成一口大小）…60g

牛奶冰淇淋…40g
>>>使用乳脂含量 3%、植物性脂肪含
量 2%、非乳脂固形物 8%的產品。透
過清爽的味道來襯托出水果的甘甜與香
氣。

OKESA 柿雪貝（自製·p.200）
…55g

〉〉〉裝盤

① 把各 1 球 OKESA 柿雪
貝和牛奶冰淇淋放入玻
璃杯中。

② 放上切成一口大小的柿
子。

③ 舀起 OKESA 柿雪貝，
放在柿子上。

④ 用手輕輕按壓，把表面
弄平。

⑤ 把保留了果皮與蒂頭的
柿子放在玻璃杯內的後
側，將前側空出來。把
發泡鮮奶油擠在前側。

⑥ 把石榴撒在發泡鮮奶油
上。

關於柿子（富有柿）

從福岡縣朝倉市產開始，隨著季節轉變，所使用的柿子的產地會轉移到奈良縣西吉野、和歌山縣。順便一提，用於雪貝的 OKESA 柿雪貝是澀柿，富有柿則是甜柿。在這道芭菲中，既能品嘗到味道與口感都不同的 2 種柿子，同時也能一次就品嘗到澀柿和甜柿。（西村）

》》》柿子的切法

 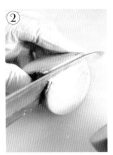  

① 縱向切成 4 等分。

② 從 4 等分當中的其中一片切出約 1/3 的大小。剩下的 2/3 則保留果皮與蒂頭，並放在芭菲最上面。

③ 用來放進玻璃杯中的柿子要去皮。以果皮朝下的方式，將柿子放在砧板上，移動菜刀，削去果皮。由於果皮正下方部位的香氣最為強烈，所以只需削掉很薄的果皮即可。

④ 把 3 分切成一口大小。

柿子芭菲的裝盤重點

與西洋梨芭菲（P.100）和哈密瓜芭菲（P.124）相同，在玻璃杯的上部，要放上保留了果皮和蒂頭，且尺寸較大塊的柿子。為了盡量不對水果本身的味道加工，讓客人直接品嘗到原味，但又要方便食用，所以採用了這種形狀。在設計上，一看就知道是柿子芭菲。

把柿子放在玻璃杯上時，要讓蒂頭朝向右側。如此一來，首先就能用右手拿著蒂頭，將蒂頭的另一端送進口中。蒂頭的另一端是柿子最甜的部分。這種裝盤方式是為了讓人第一口就能吃到最美味的部分。由於保留了果皮，所以透過嗅覺也能感受到柿子的美味。果皮與果肉交界部分的香氣最為強烈。用手將果肉送進口中時，果皮也會靠近鼻子，讓人同時聞到香氣。雖然有許多人認為吃柿子要剝皮，但連皮一起吃也很好吃喔。（西村）

甲州百匁柿芭菲

フルーツパーラー ゴトー（後藤浩一）

鮮奶油…適量
>>>將乳脂含量 47% 的鮮奶油 240g 和乳脂含量 42% 的鮮奶油 100g 混合，加入上白糖 40g、香草精數滴，打發至 9 分硬度。

甲州百匁柿（稍硬・切成 12 等分）…3 片
甲州百匁柿（稍軟・切成 12 等分）…3 片

>>>使用了雖然表面摸起來很軟，但中心讓人覺得較硬的柿子（稍硬），以及摸起來很軟，且稍微帶有透明感的柿子（稍軟）。如果是更軟的柿子的話，就會做成醬汁。

柿子冰淇淋（自製・p.204）…50g

香草冰淇淋
（高梨乳業）…40g

甲州百匁柿的醬汁…15g
>>>使用熟透的甲州百匁柿，會呈現黏稠狀態。

>>> 裝盤

①

把湯匙插進熟透的甲州百匁柿中。

②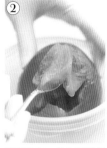

舀起果肉，放入玻璃杯底。

③

放入香草冰淇淋，用冰淇淋杓按壓，將其往下塞。

④

以放射狀的方式，依序放入各 1 片較硬的甲州百匁柿與較軟的甲州百匁柿。

⑤

排好後，從上方看到這幅景象。

⑥

把鮮奶油擠在冰淇淋上（星形擠花嘴・6 齒・口徑 6mm）。

關於甲州百匁柿

這是日本各地都會栽種的大型柿子，並會被當成名為安波柿與枯露柿的柿乾的材料。名稱的由來為，甲州是柿子的一大產地，而且其重量為百匁（375g）。也有人寫成百目柿。本店也會使用山梨縣產的柿子。由於是不完全澀柿，所以必須去除澀味。成熟後，果肉會變得柔軟黏稠，帶有特殊味道，會讓人感受到濃郁的甜味與芳醇。處於最佳食用狀態的期間很短，而且在去除澀味的過程中，會產生損失，所以成本較高，不過，儘管很費工，還是會持續販售。

由於在 11 月左右會上市，所以當大酉祭快要到時，就是百匁柿的盛產季。在店面也會販售，從以前開始，有的客人逛完大酉祭後，會順路到店裡買百匁柿。

雖然目前在蔬果店內也變得較常見了，但我還是想要傳達其美味，所以做成芭菲來販售。在本店的芭菲當中，可以排進「最想讓客人品嚐的芭菲」前三名。（後藤）

〉〉〉百目柿的切法

① 以蒂頭朝下的方式，將柿子放在砧板上，縱向切成兩半。

② 用手拿著，將蒂頭切除。

③ 以 V 字形切法來去除蒂頭周圍部分。

④ 切出 1/12，去除果心。

⑤ 用手拿著柿子，將菜刀固定住，移動柿子來剝去果皮。

去除甲州百匁柿的澀味

柿子中含有單寧。含有水溶性單寧的叫做澀柿，含有非水溶性單寧的則叫做甜柿。去除澀味指的是，讓澀柿的水溶性單寧轉變為非水溶性單寧，會使用二氧化碳、酒精、泡水等各種方法。在本店內，上一任店長後藤節子把使用燒酎來去除澀味的方法教給了我。

  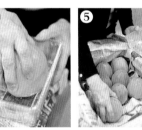 

① 當蒂頭太長時，要剪短。

② 在紙箱底部鋪滿幾張報紙。

③ 在 2 的上面疊上各 2 張報紙，讓報紙超出箱子的四個邊。

④ 把百匁柿的蒂頭泡在燒酎（酒精濃度 35 度）中。

⑤ 塞進紙箱中。

⑥ 用噴霧瓶將與 4 相同的燒酎噴在柿子各處。

⑦ 把報紙摺起來，將百匁柿包覆。關上紙箱，用膠帶固定。

⑧ 經過一週後，確認狀態，只取出已經熟的柿子，然後關上紙箱，用膠帶固定。

催熟的基準

由於每顆柿子的催熟程度會有所差異，所以要先使用已經熟的，而且每天都要確認狀態。從第 10 天後，就不用再貼上膠帶來固定了。左圖為熟透的狀態。整體呈現深橘色，稍微帶有透明感。在右圖中，雖然底部變成橘色，已經熟了，但蒂頭側的色調還很淡，必須繼續催熟。

凸頂柑與國產柑橘芭菲

タカノフルーツパーラー（森山登美男、山形由香理）

人們每年都持續在研發各種品種的柑橘。這道芭菲被設計成可以邊吃邊比較 5 種國產柑橘。
玻璃杯中的部分是由柑橘冰沙、雪貝、香草冰淇淋、霜淇淋這些味道適中的要素所組成，
藉此來襯托出放在頂部柑橘的個性。

使用了 12 種柑橘類的芭菲

フルーツパーラー ゴトー（後藤浩一）

這道芭菲中裝了多達 12 種柑橘，味道也很豐富。當柑橘種類很多時，有時還會再多使用 1~2 種。
雖然柑橘乍看之下是很樸素的水果，但有些柑橘地特色為，甜味強烈，帶有明確酸味，有的品種連內果皮都很好吃，
有的品種則是又酸又甜，且多汁，依照品種差異，味道有很多種。每一口都能吃到不同的味道，吃到最後也不會膩。

凸頂柑與國產柑橘芭菲

タカノフルーツパーラー（森山登美男、山形由香理）

裝飾用柑橘皮…1 片
>>>把柑橘皮煮得甜甜的，用模具做出葉子造型，泡在薄荷利口酒中。

顆粒狀果凍…適量
>>>作法為，逐步少量地將果凍液加進冰涼的油中，使其凝固。等到果凍凝固後，請充分清洗後再使用。

發泡鮮奶油（打發至 8 分硬度）
…適量
>>>由於脂肪含量太高的話，會過於濃郁，所以混合使用鮮奶油和植物性鮮奶油來做出清爽的味道。糖度要低一點。

金柑（切成兩半）…1 顆分
日向夏（雕花切法）…2 片
瀨戶香（雕花切法）…2 片
凸頂柑…2 片

柑橘雪貝和香草冰淇淋
…合計 80g
>>>用冰淇淋杓舀起各半球的柑橘雪貝（自製）和香草冰淇淋，組成 1 球。

柑橘醬汁…適量
>>>將柑橘汁和白酒混合，煮沸，讓酒精成分揮發。使用已溶解的玉米澱粉來增添濃稠感。

發泡鮮奶油（左述）…15g

柑橘冰沙…50g
>>>榨出柑橘汁後，冷凍起來，做成冰沙。

霜淇淋…50g
>>>這是向廠商特別訂製的產品，和水果一起吃會很好吃。甜度與乳脂含量都較低，味道很清爽。

凸頂柑（切丁）…適量
柑橘醬汁（上述）…5～10ml

〉〉〉裝盤

① 把柑橘醬汁鋪在玻璃杯底，將切丁的凸頂柑放入醬汁中。

② 擠上霜淇淋。

③ 把柑橘冰沙弄碎，放在 2 上面。

④ 沿著玻璃杯邊緣擠上一圈發泡鮮奶油。

⑤ 在發泡鮮奶油上面擠上一圈柑橘醬汁。

⑥ 舀起各半球的柑橘雪貝和香草冰淇淋，放在玻璃杯中的較後側位置。把凸頂柑放在前側的左邊。

⑦ 把瀨戶香放在前側的右邊。

⑧ 把日向夏放在空隙中。

⑨ 放上金柑。

⑩ 擠上發泡鮮奶油，撒上顆粒狀果凍，插上裝飾用柑橘皮。

金柑

拿起來有份量的會
比較好吃。經過催
熟來去除酸味後，
摸起來會變得稍
軟。（森山）

切除兩端後，橫向切成
兩半。

把金柑放在砧板上，將
小菜刀插進果皮與果肉
之間。一邊以滑動的方
式來讓刀子移動，一邊
轉動金柑，削去果皮。

日向夏

日向夏是內果皮也很好吃的品種。削去果皮，讓內果皮殘留在果肉上後，再提供給客人。（森山）

切成兩半。在果心部分
切出 V 字形切口，切除
果心。

切成半月形。

削去果皮，讓內果皮殘
留在果肉上。

在果皮兩側劃出斜向的
切口。

以捲起邊緣的方式來折
果皮。劃有切口的部分
會立起來。

瀨戶香

瀨戶香的品質很穩定，與凸頂柑相同，形狀扁平的會比較好吃。（森山）

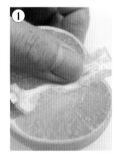

切成兩半。在果心部分
切出 V 字形切口，切除
果心。

切成半月形。用小菜刀
剝下約 2/3 的果皮。把
凸頂柑固定住，讓刀子
滑動。

在果皮上劃出兩道切
口。

以捲起邊緣的方式來折
果皮。

將邊緣折起來後，步驟
3 中的切口部位就會立
起來。

凸頂柑

蒂頭周圍的突出部
分較明顯的會比較
好吃。另外，形狀
扁平的會比較甜且
多汁，這點對於所
有柑橘類來說，應
該都一樣吧。（森
山）

將凸頂柑分切，保留蒂
頭周圍的突出部分，將
果心部分切除。

切除果皮，保留被視為
凸頂柑特色的突出部
分。

使用了 12 種柑橘類的芭菲

フルーツパーラー ゴトー（後藤浩一）

紅瑪丹娜的果皮…1 片
>>>從紅瑪丹娜（柑橘）的果皮上削去內果皮，進行兩次「汆燙後將水倒掉」的步驟。把果皮重量一半的細砂糖一起放入鍋中，倒入紅瑪丹娜的果汁，讓果汁剛好能蓋過材料，加入略多的君度橙酒，煮 10 分鐘。在常溫下放涼，加入分量與剛才相同的細砂糖和君度橙酒，倒入剛好能蓋過材料的果汁，煮 7～8 分鐘。放涼後，將其放在篩子上，瀝乾 3 天。切成小塊，塗滿細砂糖。

鮮奶油…適量
>>>將乳脂含量 47％的鮮奶油 240g 和乳脂含量 42％的鮮奶油 100g 混合，加入上白糖 40g，香草精數滴，打發至 9 分硬度。

金柑（IRIKI）…1/2 顆
天草…1/12 顆
凸頂柑…1/12 顆
晚白柚…1/2～1/3 瓣
葡萄柚…1/12 顆
甜橙…1/12 顆
八朔…1 瓣

日向夏…1/12 顆
晴姬…1/8 顆
青島三日蜜柑…1/8 顆
紅映…1/12 顆
西南光…1/8 顆

鮮奶油（上述）…適量

柑橘類（甜橙和紅瑪丹娜）的冰淇淋（自製）…50g

香草冰淇淋（高梨乳業）…50

糖漬柑橘…15g
>>>把各種柑橘切成 1cm 塊狀，拌入細砂糖，靜置一段時間。

>>> 裝盤

① 把糖漬柑橘放入玻璃杯底。

② 放入香草冰淇淋，用冰淇淋杓來按壓，將其塞進去。

③ 放上 1 球柑橘類冰淇淋。

④ 在冰淇淋的周圍，以順時針的方式，從前方放上金柑、天草、凸頂柑、晚白柚、葡萄柚、甜橙、八朔。要擺放成有如花開般的放射狀。

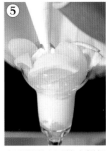

⑤ 在冰淇淋上面擠上鮮奶油（星形擠花嘴・6 齒・口徑 6mm）。

⑥ 在鮮奶油的上面，以順時針的方式，從後面放上日向夏、晴姬、西南光、青島三日蜜柑。擺放方式與步驟 4 一樣。

⑦ 把鮮奶油擠在中央。

⑧ 把果皮插在鮮奶油上。

關於柑橘

柑橘的種類豐富，味道也有很多種，所以我認為這種水果適合做成「一次就能吃到許多種類」的芭菲。一季所使用的柑橘約為 30 種。隨著不同的時期，會一邊稍微變更使用的柑橘種類，一邊提供給客人。由於芭菲中裝了很多種柑橘，所以為了讓人能夠區別品種，會透過保留或削去果皮的方式來增添變化，讓人在視覺上也能感受到「一次品嘗到很多種柑橘」的樂趣。（後藤）

晴姬
先讓「清見 tangor」與一種甜橙交配後，然後再與早生蜜柑交配後所產生的品種。具備蜜柑般的甜味與甜橙般的獨特香氣。使用愛媛縣產。（後藤）

紅映
由「安可柑」和「甜橙」交配而成的新品種。糖度高，多汁，果皮非常薄且又柔軟，所以味道濃郁且嬌嫩。使用東京都產。（後藤）

西南光
由「（安可柑‧興津早生）No.21」和「陽香」（清見×中野 3 號椪柑）交配而成的品種。栽種區域為九州。名稱由來為，希望此品種能為柑橘產地帶來陽光。使用東京都產。（後藤）

青島三日蜜柑
這是蜜柑的名產地之一靜岡縣的三日町產的「青島溫州」。屬於形狀平坦的大型溫州蜜柑，雖然薄膜稍厚，但可以品嘗到恰到好處的酸味與風味濃郁的甜味。（後藤）

日向夏
宮崎縣產的蜜柑。由於內果皮沒有苦味和酸味，且稍具甜味，很好吃，所以可以和果肉一起吃。依照產地，也被稱作「土佐小夏」、「新夏橙」等。使用宮崎縣產。（後藤）

八朔
江戶時代在廣島被發現的柚子雜種。具備適度的甜味與酸味，有些果實會稍帶苦味。果肉略硬，香氣與風味良好。使用全國產量第一的和歌山縣產。（後藤）

天草
由「清見 tangor」和「興津早生蜜柑」的交配種與「佩吉橙」交配而成的品種。果肉柔軟多汁，帶有甜橙般的香氣。甜味強烈，酸味較弱。使用長崎縣產。（後藤）

凸頂柑
在由「清見」和「椪柑（中野 3 號）」交配而成的「不知火」當中，只有「符合糖度 13 度以上、檸檬酸 1%」等一定基準的產品才能使用此註冊商標。使用熊本縣產。（後藤）

晚白柚
屬於柚子的一種，是熊本縣的特產。是世界上最大的柑橘類，有的甚至會超過直徑 20cm。內果皮很厚，在剝皮前，可以在常溫下保存約 1 個月。果皮也能用來製作糖漬料理。（後藤）

金柑（IRIKI）
在鹿兒島縣薩摩川內市入來町，透過溫室栽培，讓果實在樹上完全成熟。其中，糖度 16 度以上的果實會使用「IRIKI」這個品牌來販售。可以連皮一起吃。（後藤）

甜橙
使用在甜橙當中最為人所知的瓦倫西亞橙。從春天到夏天使用加州產，冬天則使用南非產。到了秋末與冬末等各產地的產季結束時，果實的汁液很少，會變得空蕩蕩的，所以在這種時期不使用。（後藤）

葡萄柚
如同整串葡萄那樣，一根樹枝會長出很多葡萄柚果實。果肉多汁，帶有清爽的酸甜味與特有的苦味。從開始販售柑橘芭菲的新年到春季為止，是佛羅里達產葡萄柚變得好吃的季節。（後藤）

〉〉〉保留果皮的切法

① 切成半月形後，去除果心。

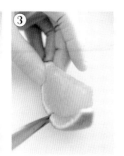
② 以果皮朝下的方式將柑橘放在砧板上，果肉不動，只移動菜刀，將果皮剝至一半。

③ 以斜切方式來切斷，留下比一半還少一點的果皮。

>>> 日向夏的切法

切成 12 等分的半月形，並去除果心。薄薄地削去果皮，在果肉上保留略厚的內果皮。

>>> 八朔的切法

剝掉八朔的果皮和薄膜後，放入保存容器中一天後再使用。這樣做是因為，比起剛剝好的果肉，放置一天後，味道會變得更柔順，令人感到更美味。

>>> 金柑的切法

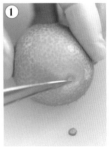

用菜刀前端來去除蒂頭。

橫向切成兩半後，用菜刀前端來去籽。

>>> 晚白柚的切法

將蒂頭側切掉 2～3cm。

底部也要切掉 2～3cm。

縱向地劃出 5～6 道深度約 1cm 的切口。

由於果心位於有蒂頭那側，所以要插入菜刀，將果心周圍切出來。

用手剝去果皮。

由於內果皮很厚，所以內果皮也要用手剝。

為了切成兩半，所以要將手指插進在步驟 4 中切下果心後留下的痕跡，並用手在內果皮上製造出切口。

用手剝成兩半。

剝下每一瓣。

用菜刀將薄膜的果心側切掉。用手剝掉薄膜。

〉〉〉裝盤的重點

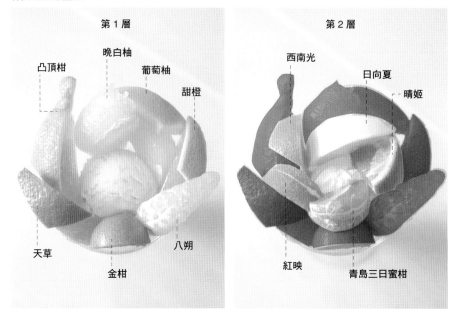

第 1 層

凸頂柑　晚白柚　葡萄柚　甜橙
天草　金柑　八朔

第 2 層

西南光　日向夏　晴姬
紅映　青島三日蜜柑

把柑橘分成兩層來擺放。由於這道芭菲中使用了 12 種柑橘，所以下層裝了 7 種，上層裝了 5 種。基本上，要將柑橘切成半月形，在擺放帶皮的柑橘時，要讓果皮朝向外側，並把每一個柑橘都擺放成放射狀。（後藤）

玻璃杯的上部放了含有很多奶油的檸檬牛奶義式冰淇淋和生薑果醬馬卡龍。
玻璃杯中放了帶有明確酸味的檸檬凝乳、法國白起司、白酒果凍。
中間夾著發揮了岩鹽鹹味的酥餅碎，藉此來增添口感與提味。

開心果與葡萄柚的芭菲

デセール ル コントワール（吉崎大助）

這道芭菲發揮了開心果與葡萄柚的良好契合度。在柑橘上撒上少許香味很搭的蒔蘿油來提味。
葡萄柚使用的是粉紅色與白色這 2 種。冰沙使用白葡萄柚來製作，蛋白霜則使用粉紅葡萄柚來上色。
藝術家所製作的玻璃杯的寬敞隆起造型中裝滿了綠色、粉紅、淺黃色的食材。這種可愛的色調也很有趣。

檸檬芭菲

ノイエ（菅原尚也）

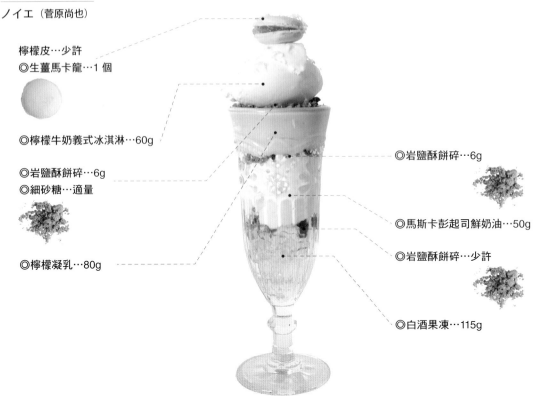

檸檬皮…少許
◎生薑馬卡龍…1 個

◎檸檬牛奶義式冰淇淋…60g

◎岩鹽酥餅碎…6g
◎細砂糖…適量

◎檸檬凝乳…80g

◎岩鹽酥餅碎…6g

◎馬斯卡彭起司鮮奶油…50g

◎岩鹽酥餅碎…少許

◎白酒果凍…115g

〉〉〉裝盤

用芭菲湯匙將白酒果凍弄碎，放入玻璃杯中。

放上酥餅碎。

倒入馬斯卡彭起司鮮奶油。

撒上岩鹽酥餅碎。

倒入檸檬凝乳。

把表面弄平。

將細砂糖撒在表面上。

將玻璃杯傾斜，讓多餘的細砂糖掉落。

用料理噴槍使表面焦糖化。放入冷凍庫中擺放數分鐘。

放上岩鹽酥餅碎。

◎生薑馬卡龍

1 把蛋白 100g 和細砂糖 50g 放入攪拌用調理盆中，用高速的攪拌器打成泡沫，製作蛋白霜。

2 同時撒上杏仁粉（無皮）120g、糖粉 160g、調色粉（黃）。加進 1 中，輕快地用切的方式來攪拌。

3 在烤盤上擠出直徑約 2.5cm 的麵糊，用電風扇的風來將表面吹乾。放入 180℃的烤箱中烤 5 分鐘，膨脹後，將溫度調成 140℃，烤約 6 分鐘。

4 製作生薑果醬。將生薑 100g 去皮，切成薄片。把生薑和大約能蓋過食材的蜂蜜、糖漿一起煮。當生薑產生透明感後，就關火，放涼。

5 把步驟 4 的果醬生薑切成薄片，稍微汆燙一下，用步驟 3 的 2 片馬卡龍夾住。

◎檸檬牛奶義式冰淇淋

1 把鮮奶油（乳脂含量 38%）500g、檸檬汁（萊姆汁）100g、糖漿 400g、適量的刨絲檸檬皮混合，放入冰淇淋機中。

◎岩鹽酥餅碎

1 事先將奶油 135g 冰涼，然後切塊。

2 把 1、低筋麵粉 180g、杏仁粉（無皮）180g、細砂糖 135g、岩鹽 17g 放入調理盆中。透過刮板，以切的方式來攪拌。粗略地攪拌後，用手以磨的方式攪拌，使其形成肉鬆狀。

3 放入 180℃的烤箱中烤 30 分鐘。

◎檸檬凝乳

1 把全蛋 200g 和細砂糖 200g 放入調理盆中，刨入適量的檸檬皮，加入檸檬汁 250g。

2 進行隔水加熱，打出泡沫，使其形成黏稠狀。

3 加入已融化的奶油 330g，攪勻。

◎馬斯卡彭起司鮮奶油

1 把馬斯卡彭起司 500g 和糖粉約 90g 放入攪拌用調理盆中，用中速的攪拌器來攪拌。試試看味道，依照喜好來調整糖粉份量。

2 攪拌好後，逐步少量地加入鮮奶油（乳脂含量 38%）300g。中途，要加入少許的蘭姆酒或柑曼怡香橙酒。

3 加入所有鮮奶油後，將攪拌器轉成高速，打發至 9 分硬度。

◎白酒果凍

1 把白酒 500g、水 500g、細砂糖 100g、適量的檸檬汁加入鍋中加熱。

2 把泡過冰水的明膠片 18g 加到 1 中，使其溶解，並攪勻。

3 使其沸騰 5 分鐘。關火，把鍋子放在冰水上，進行降溫。放入冰箱內冷藏，使其凝固。

用湯匙舀起一球檸檬牛奶義式冰淇淋，放入杯中。

用湯匙以削的方式舀起適量檸檬牛奶義式冰淇淋，放在 11 的上面。

放上生薑馬卡龍。

刨上檸檬皮。

開心果與葡萄柚的芭菲

デセール ル コントワール（吉崎大助）

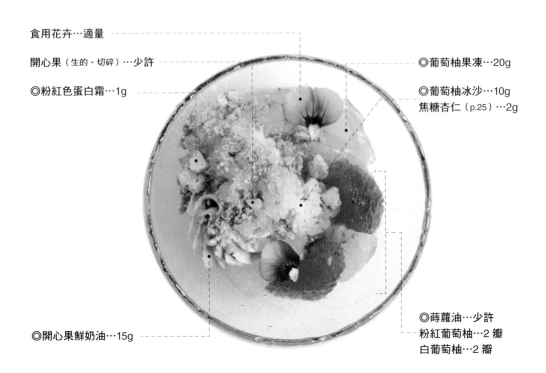

食用花卉…適量

開心果（生的・切碎）…少許

◎粉紅色蛋白霜…1g

◎葡萄柚果凍…20g

◎葡萄柚冰沙…10g
焦糖杏仁（p.25）…2g

◎蒔蘿油…少許
粉紅葡萄柚…2 瓣
白葡萄柚…2 瓣

◎開心果鮮奶油…15g

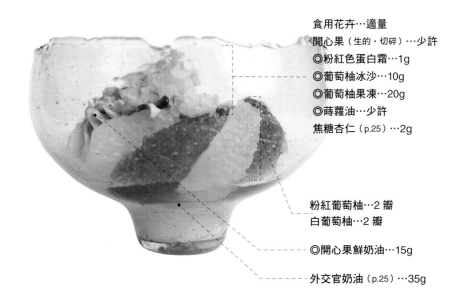

食用花卉…適量

開心果（生的・切碎）…少許

◎粉紅色蛋白霜…1g

◎葡萄柚冰沙…10g

◎葡萄柚果凍…20g

◎蒔蘿油…少許

焦糖杏仁（p.25）…2g

粉紅葡萄柚…2 瓣

白葡萄柚…2 瓣

◎開心果鮮奶油…15g

外交官奶油（p.25）…35g

>>> 裝盤

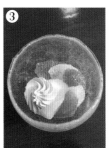

在中央擠上隆起狀的外交官奶油。

在靠近玻璃杯邊緣的位置，將開心果鮮奶油擠在外交官奶油上（星形擠花嘴‧10 齒 8 號）。

在外交官奶油上面，一邊把 2 種葡萄柚錯開，一邊疊放。

放上焦糖杏仁。

在葡萄柚上面淋上一圈蒔蘿油。

舀起葡萄柚果凍，放在開心果鮮奶油旁邊。

把葡萄柚冰沙蓋在所有部分上。

把粉紅色蛋白霜弄碎，放入杯中，撒上切碎的開心果。

使用食用花卉來裝飾。

◎粉紅色蛋白霜

1 一邊將蛋白 100g、細砂糖 200g、適量調色粉（紅）攪拌，一邊進行隔水加熱。

2 移至攪拌用調理盆，用中高速的攪拌器打成略硬的泡沫。將其薄薄地攤開在鋪上了烘焙紙的烤盤上，放入 100℃的烤箱中烘烤 2～3 小時。

◎葡萄柚冰沙

1 把葡萄柚汁 1L、水 200g、糖漿（波美 30 度）180g 混合，倒進調理盤中。

2 放入冷凍庫內，直到結凍為止，每隔幾小時就要攪拌 3～4 次。若不攪拌，糖分就會積存在下方，使味道變得不均勻。

◎葡萄柚果凍

1 把葡萄柚汁 1kg 當中的一部分放入鍋中加熱。加入泡過冰水的明膠片 10g、細砂糖 100g，攪勻，使其溶解。

2 把剩下的葡萄柚汁加到 1 中，攪勻。放入冰箱內冷藏，使其凝固。

◎蒔蘿油

1 把各適量的葡萄籽油和蒔蘿嫩葉混合，用手持式攪拌器來攪拌。

◎開心果鮮奶油

1 依照喜好的量，將開心果泥加到鮮奶油（乳脂含量 35%）中，打發至 8 分硬度。

紅瑪丹娜芭菲

ノイエ（菅原尚也）

直接向農家採購無農藥的「紅瑪丹娜柑橘」來製作芭菲。百香果的酸味與酥脆的口感能夠襯托紅瑪丹娜的柔軟香甜果肉，
帶有苦味的焦糖冰淇淋能讓人更加鮮明地感受到紅瑪丹娜的嬌嫩。
略硬的布丁與柑橘很搭，出乎意料的外觀也是重點所在。

番茄與羅勒的芭菲

デセール ル コントワール（吉崎大助）

將混合了莫札瑞拉起司、番茄、羅勒的義大利前菜「卡布里沙拉」做成芭菲。把起司換成稍微帶有酸味，
且含有更多奶油的法國白起司，做成冰淇淋。把番茄和柑橘一起做成糖煮水果。將羅勒和萊姆混合，做成果凍和冰沙。
這道甜點就是由這些食材所構成。裝盤方式有效地運用了葡萄酒杯的空間，看起來很美。

紅瑪丹娜芭菲

ノイエ（菅原尚也）

刨成絲的紅瑪丹娜果皮…少許
蒔蘿…少許
◎紅瑪丹娜的焦糖醬汁
…適量

◎焦糖冰淇淋…30g

紅瑪丹娜…30g

◎布丁…80g

◎岩鹽酥餅碎（p.167）…少許

◎檸檬風味的法國白起司
…50g
岩鹽酥餅碎（p.167）…少許
蒔蘿…少許

◎百香果醃泡紅瑪丹娜
…50g
◎紅瑪丹娜和君度橙酒的果凍
…50g

〉〉〉裝盤

① 把紅瑪丹娜和君度橙酒的果凍弄碎，放入杯中。

② 放上百香果醃泡紅瑪丹娜，並將玻璃杯的中央空出來。

③ 用湯匙舀起醃泡液中的百香果，淋在杯中。

④ 將蒔蘿撕碎，撒在杯中。

⑤ 放上少許岩鹽酥餅碎。

⑥ 把檸檬風味的法國白起司放在事先在步驟 2 中空出來的中央位置。

⑦ 把法國白起司朝著玻璃杯邊緣拉長，透過邊緣將起司磨斷。

⑧ 撒上岩鹽酥餅碎。

⑨ 把布丁放在靠近邊緣的位置。

⑩ 在布丁的上方與旁邊，使用切成半月形的去皮紅瑪丹娜來裝飾。

◎紅瑪丹娜的焦糖醬汁

1 把細砂糖放入鍋中加熱,使其焦化。

2 關火,加入柑曼怡香橙酒、紅瑪丹娜果汁。加入刨成絲的紅瑪丹娜果皮(份量皆為適量)。

◎焦糖冰淇淋

1 把 6 顆蛋黃和細砂糖 60g 混合。開小火,一邊用橡膠鍋鏟攪拌,一邊加熱到產生黏稠感。

2 把細砂糖 90g 放在另一個鍋子中加熱,使其焦化。加入牛奶 450g 和鮮奶油(乳脂含量 38%),攪勻。

3 分別把 1 和 2 放在冰水上降溫,然後將兩者混合。放入冰淇淋機中。

◎布丁

1 把全蛋 250g 打勻,加入細砂糖 150g 攪勻。加入鮮奶油(乳脂含量 38%)250g、牛奶 400g、適量的法國茴香酒,攪勻。

2 把紅瑪丹娜的焦糖醬汁鋪在布丁杯中,倒入 1。放入 130〜150℃的烤箱中,以隔水加熱的方式烤 20 分鐘。

◎百香果醃泡紅瑪丹娜

1 用菜刀削去紅瑪丹娜的果皮,分切成小瓣。和百香果的果肉拌在一起。

◎檸檬風味的法國白起司

1 把糖粉 120g、鮮奶油(乳脂含量 38%)300g、適量的檸檬汁加到法國白起司 500g 中,攪勻。打發至 9 分硬度。

◎紅瑪丹娜和君度橙酒的果凍

1 把水 1kg、細砂糖 100〜200g、去皮後分切成小瓣的紅瑪丹娜、紅瑪丹娜果皮放入鍋中加熱。

2 把泡過冰水的明膠片 18g 放進 1 中,使其溶解,攪勻。

3 當紅瑪丹娜果皮的香氣轉移後,就取出。粗略地將紅瑪丹娜弄碎。

4 加入適量君度橙酒,攪勻,讓酒精成分揮發。把鍋子放在冰水上降溫後,放入冰箱內冷藏,使其凝固。

用湯匙以削的方式舀起焦糖冰淇淋,疊放在布丁旁邊。

淋上紅瑪丹娜的焦糖醬汁。

撒上蒔蘿,刨上紅瑪丹娜果皮。

番茄與羅勒的芭菲

デセール ル コントワール（吉崎大助）

金箔…少許

◎炸羅勒葉…2 片

小番茄（切成 6 等分）…3 片

開心果（生的·切碎）…適量

◎羅勒和萊姆的冰沙…18g

◎法國白起司冰淇淋…35g

焦糖杏仁（p.25）…2g

◎糖煮番茄與柑橘…30g

◎羅勒和萊姆的果凍…20g

◎法國白起司鮮奶油…17g

◎外交官奶油（p.25）…25g

>>> 裝盤

① 把外交官奶油擠入玻璃杯底。

② 用湯匙將法國白起司鮮奶油舀進玻璃杯中約 1/3 大的空間。

③ 把羅勒和萊姆的果凍放入在步驟 2 事先空出來的位置的一半空間。

④ 把糖漬番茄與柑橘放在剩下的空間中。

⑤ 從上方觀看的話，會像這樣地被分成 3 種顏色。

◎炸羅勒葉

1 把油炸用油加熱到 160℃，放入羅勒葉。炸到酥脆後，把油瀝乾。

◎羅勒和萊姆的冰沙

1 把萊姆果汁 150g、水 150g、羅勒葉 20g、糖漿（波美 30 度）160g 放入調理盆中，用手持式攪拌器來攪拌。

2 過濾後倒入調理盤中，放入冷凍庫使其結凍，並時常地將其弄碎。

◎法國白起司冰淇淋

1 把 3 顆蛋黃和細砂糖 95g 放入調理盆中，使用攪拌器，用磨的方式攪拌。

2 把牛奶 265g 和鮮奶油（乳脂含量 35％）95g 放入鍋中煮沸。加到 **1** 中，攪勻後，倒回鍋中。開中火，一邊攪拌一邊煮。當溫到達 82℃後，就關火，並讓鍋底與冰水接觸。

3 把法國白起司 500g 和糖漿（波美 30 度）放入另一個調理盆中攪拌，加入 **2**，攪勻。移至保存容器內，放入冷凍庫內，使其凝固

◎糖煮番茄與柑橘

1 用熱水來去除番茄 300g 的果皮。

2 把番茄放入鍋中，粗略地弄碎，加入柑橘果肉、細砂糖 100g、香草豆莢 1/4 根。開火，煮到產生黏稠感。放涼後，放入冰箱內冷藏。

◎羅勒和萊姆的果凍

1 把羅勒 20g、萊姆汁 100g 混合，用手持式攪拌器打成泥狀。

2 把細砂糖 70g、水 315g 當中的少量部分放入鍋中加熱，使細砂糖溶解。

3 把泡過冰水的明膠片 5g 加到 **2** 中，使其溶解，加入剩下的水。

4 把 **1** 加到 **3** 中，攪勻。濾細後，移至保存容器內後，放入冰箱內冷藏，使其凝固。

◎法國白起司鮮奶油

1 把法國白起司 100g、鮮奶油（乳脂含量 35％）100g、細砂糖 20g 放入調理盆中，打發至 10 分硬度。

放上焦糖杏仁。

用湯匙舀起 1 球法國白起司冰淇淋，放在焦糖杏仁上。

把羅勒和萊姆的冰沙放在冰淇淋上，撒上切碎的開心果。

用鑷子把小番茄放在冰沙上。

使用炸羅勒葉和金箔來裝飾。

開心果與杏桃的芭菲

アトリエ コータ（吉岡浩太）

杏桃的酸味與開心果的香氣很搭。杏桃會做成雪酪和新鮮的嫩煎水果，開心果則會做成鮮奶油和冰淇淋，
然後再組合起來。在容器部分，使用的是葡萄酒杯。藉由將瓦片餅放在玻璃杯上，就能將玻璃杯內與上面部分區隔開來，
打造出有效地運用各個空間的美麗裝盤。頂部放上了剛做好的糖飾。

李子和黑醋栗的芭菲

パティスリー ビヤンネートル（馬場麻衣子）

直接向農園採購的美味李子，搭配上晶瑩剔透且又帶有爽口酸味的黑醋栗、醋栗、黑莓等。
同時，還會插入肉桂、格雷伯爵茶等帶有甘甜香氣的食材來提味，更加地突顯李子的清爽滋味。

開心果與杏桃的芭菲

アトリエ コータ（吉岡浩太）

◎糖飾…1 個

嫩煎杏桃（縱向切成 4 等分）…2 片

開心果（生的‧帶皮‧弄碎）…2g

◎開心果鮮奶油…25g

◎開心果冰淇淋…25g

◎瓦片餅
（寬度 5～6cm‧長度 12～13cm）…1 片

◎開心果鮮奶油…7g

◎加了蛋白霜和沙布列
餅乾的白巧克力…15g

◎杏桃雪酪…40g

◎紅酒果凍…35g

鮮奶油（打發至 7 分硬度‧P.33）…20g

嫩煎杏桃（縱向切成 4 等分）…2 片

〉〉〉裝盤

把嫩煎杏桃放入玻璃杯中，用湯匙淋上鮮奶油。

舀起大小容易入口的紅酒果凍，放入杯中。

舀起 1 球杏桃雪酪，放在 2 上面。

把加了蛋白霜和沙布列餅乾的白巧克力弄碎，放在雪酪周圍。

從玻璃杯的側面朝著邊緣擠上開心果鮮奶油，在玻璃杯的邊緣也擠上幾 cm 的鮮奶油。

放上瓦片餅。

舀起 1 球開心果冰淇淋，放在瓦片餅上。

從冰淇淋旁邊朝著上方擠上開心果鮮奶油（星形擠花嘴‧9 齒 10 號）。

把開心果放在鮮奶油上。

在開心果旁邊放上嫩煎杏桃。製作糖飾，放在鮮奶油上。

178

◎糖飾

1 把等量的水飴和細砂糖混合（**a**），開中火，使其焦化（**b**）。事先用 IH 調理爐的保溫模式來維持此狀態（**c**），當有客人點餐時，再製作糖飾。

2 將兩把餐刀握成八字形，用茶匙舀起 **1**，輕微地搖動，使其滴在刀子上（**d**）。從刀子上將糖拔出後，迅速地用雙手把糖捲起來。（**e**）

a  **b**

c  **d**

e

◎嫩煎杏桃

1 將 1 顆杏桃去籽後，切成 4 等分。把杏桃和細砂糖 10g 一起放入平底鍋中，稍微嫩煎一下。加入柑曼怡香橙酒 15ml，點火，進行焰燒。

◎瓦片餅

1 把糖粉 200g 加到已變軟的奶油 200g 中，用橡膠鍋鏟攪拌。

2 將打勻的蛋白 200g 逐步少量地加到 **1** 中，每次都要充分攪拌，使其乳化。

3 加入過篩後的低筋麵粉 200g，輕快地用切的方式來攪拌。

4 把 Silpat 烘焙墊鋪在烤盤上，用抹刀將 **3** 的麵團薄薄地拉長，使其尺寸達到寬度 5～6cm、長度 12～13cm。放入 160℃的烤箱中烤約 10 分鐘。

◎開心果鮮奶油

1 把鮮奶油（乳脂含量 35％）250g、複合式鮮奶油（乳脂含量 18％・植物性脂肪含量 27％「Gâteau Monter（Takanashi）」）250g、細砂糖 50g、開心果泥 30g 混合，用高速攪拌器打發，讓泡沫尖尖地立起來。

◎開心果冰淇淋

1 準備放入機器前的香草冰淇淋（p.77）材料 750g，加入開心果泥 40g，攪勻。放入冰淇淋機中，做法和杏桃雪酪（下述）的步驟 **2** 一樣。

◎加了蛋白霜和沙布列餅乾的白巧克力

1 把烤好的蛋白霜和甜塔皮（皆省略解說）粗略地弄碎，加進透過隔水加熱來溶解的白巧克力中，攪勻。倒入容器內，放入冰箱冷藏，使其凝固。

◎杏桃雪酪

1 把杏桃果泥（Boiron 公司）500g、糖漿（將等量的細砂糖和水混合，煮沸，然後放涼備用）250g 混合。

2 放入冰淇淋機中。攪拌到「顆粒變得很細，一垂下就會滴落」的程度。

◎紅酒果凍

1 把紅酒 700g、細砂糖 150g、刨成絲的檸檬與柑橘果皮各 1/8 顆分、香草豆莢 1 根放入鍋中煮沸，在沸騰狀態下加熱 7 分鐘。

2 加入泡過冰水的明膠片 9.9g，一邊把鍋子放在冰水上降溫，一邊攪拌。

3 放入冰箱內冷藏，使其凝固。

李子和黑醋栗的芭菲

パティスリー ビヤンネートル（馬場麻衣子）

紅醋栗…適量

格雷伯爵茶粉
（「格雷伯爵紅茶粉（南山園）」）
…適量

◎板狀巧克力…適量

◎鮮奶油（打發至 7 分硬度）
…25g

◎肉桂蛋白霜…適量

◎格雷伯爵茶凍…10g

李子（soldum・去皮後切成一口大小）
…2 片

肉桂口味的糖粉奶油細末…8g

◎李子雪酪…60g

黑莓（切成兩半）…1 顆分

千層酥皮（省略解說）…5g

◎牛奶義式冰淇淋…60g

李子（soldum・去皮後切成一口大小）
…2 片

◎黑醋栗果凍…20g

◎格雷伯爵茶凍（1cm 塊狀）…10g

◎香橙果凍…40g

>>> 裝盤

① 用湯匙舀起香橙果凍，放入玻璃杯中。

② 沿著玻璃杯放入格雷伯爵茶凍，讓人可以從外側看到。

③ 用湯匙將黑醋栗果凍淋在玻璃杯中央。

④ 把 2 片李子分開地放在從外側看得到的位置。

⑤ 用冰淇淋杓舀起牛奶義式冰淇淋，放入玻璃杯的中央。

⑥ 把弄碎的千層酥皮放在義式冰淇淋上。

⑦ 將黑莓放在從外側看得到的位置。

⑧ 用冰淇淋杓舀起李子雪酪，放入玻璃杯中。

⑨ 把 2 片李子分開地放在雪酪上。

⑩ 把肉桂口味的糖粉奶油細末放在雪酪上。

⑪ 在雪酪上擠上鮮奶油（蒙布朗擠花嘴）。

⑫ 把板狀巧克力放在鮮奶油的稍後側。

⑬ 把肉桂蛋白霜插在雪酪的稍後側。

⑭ 把開心果撒在蛋白霜前方的鮮奶油上。

⑮ 把格雷伯爵茶粉同樣地撒在前側的鮮奶油上。放上紅醋栗。

◎肉桂蛋白霜

1 把蛋白 120g、洗雙糖 75g 當中的約 3 成放入調理盆中，用高速的攪拌器打成泡沫。

2 當蛋白形成滑順的水嫩狀態，泡沫也被打發後，加入剩下的洗雙糖。

3 當泡沫尖尖地立起來後，同時加入過篩後的肉桂粉 5g、糖粉 40g、玉米澱粉 20g，用橡膠鍋鏟輕快地攪拌。

4 把 Silpat 烘焙墊鋪在烤盤上，放上 **3**，用抹刀拉長，將厚度調整成 3mm。放入 90℃的蒸氣對流烤箱中烤 60 分鐘（蒸氣調節器要打開來）。

◎板狀巧克力

1 以隔水加熱的方式將適量的白巧克力（可可含量 28%・嘉麗寶）融化，加入調色粉，進行調溫。

2 把 OPP 透明膜鋪在烤盤上，薄薄地倒入白巧克力。透過急速冷凍機來冷卻，使其凝固。

◎鮮奶油

1 把乳脂含量 41%的鮮奶油 420g 和乳脂含量 35%的鮮奶油 180g 混合，加入洗雙糖 36g，打發至 7 分硬度。由於鮮奶油「若打發至太硬的話，油份容易殘留在口中」（馬場），所以要控制在勉強能夠維持形狀的軟度。

◎格雷伯爵茶凍

1 把水放入鍋中煮沸，加入格雷伯爵茶葉。蓋上鍋蓋，燜 3 分鐘。

2 把檸檬汁、果凍粉、洗雙糖磨碎並攪拌。

3 把 **1** 再次加熱，煮到即將沸騰後，就關火。加入 **2** 攪勻，過濾後，倒入保存容器內，放入冰箱內冷藏，使其凝固。

◎肉桂口味的糖粉奶油細末

1 把低筋麵粉（北海道十勝產）150g、杏仁粉 150g、肉桂粉 20g 混合，用網眼較粗的篩子來過篩（**a**）。

2 把奶油 150g 放入攪拌用調理盆中，用低速的攪拌器打成髮蠟狀（**b**）。加入洗雙糖 150g，再次攪拌。

3 當洗雙糖均勻分布在各處（讓洗雙糖處於仍保留顆粒感的狀態即可）後，加入 **1**，粗略地攪拌。

4 在仍稍微帶有粉味時，就關掉攪拌器（**c**），在鋪上了 Silpat 烘焙墊的烤盤上，將麵團攤開來（**d**）。用手粗略地攪拌（**e**），讓奶油不要結塊。用指尖把麵團揉開，做成粗略的髮蠟狀（**f**）。大小不均、有粗有細的狀態會讓口感產生變化，比較好吃（**g**）。放入 180℃的蒸氣對流烤箱中烤 20 分鐘（蒸氣調節器要打開來）。

a　　　　　　　b

c　　　　　　　d

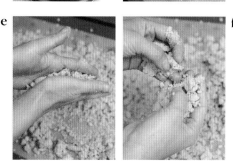

e　　　　　　　f

g

◎李子雪酪（成品為 2L）

1 把李子縱向切成兩半，去籽，然後泡在殺菌水（將食品用殺菌消毒劑「PURELOX-S」稀釋 600 倍所製成））中 30 分鐘，進行殺菌。在「ビヤンネートル」店內，會使用淨重 1080g 的大石李子或 soldum。大石李子不用去皮，soldum 有澀味，所以要去皮。

2 用流動的水來清洗李子，避免殺菌水的味道殘留。

3 將穩定劑（Vidofix）7g 和洗雙糖 405g 磨碎並混合。放入鍋中，加入葡萄糖 78g。逐步少量地加入水 546g，攪勻，接著再加入檸檬汁 20g、蜂蜜 30g。煮沸 1 分鐘後，把鍋子放在冰水上降溫。

4 用攪拌器打成泥狀。使用 soldum 時，要先濾細後再使用。若是大石李子的話，就直接放入義式冰淇淋機中，攪拌 6 分鐘。

◎牛奶義式冰淇淋（成品為 2L）

1 把穩定劑（Vidofix）2.3g 和洗雙糖 306g 磨碎並混合。

2 依序加入葡萄糖 46g、脫脂奶粉 70g、牛奶（乳脂含量 3.6%・「高梨牛乳 3.6（高梨乳業）」）1.2kg、脫脂牛奶（非乳脂固形物含量 27%・「高梨脫脂濃乳」）68g、鮮奶油（乳脂含量 41%）315g，攪勻。

3 開火，保持即將沸騰的狀態 1 分鐘以上。

4 把鍋子放在冰水上降溫後，倒入義式冰淇淋機中攪拌約 6 分鐘。

◎黑醋栗果凍

1 把水 230g 和洗雙糖 90g 放入鍋中加熱，讓洗雙糖溶解。

2 把泡過冰水的明膠片 8g 加到 **1** 中，使其溶解，攪勻。

3 把黑醋栗果泥（市售商品）濾細後，加到 **2** 中攪勻。放入冰箱內冷藏，使其凝固。

◎香橼果凍

1 把水 1.5kg、洗雙糖 360g、蜂蜜 200g 放入鍋中煮到即將沸騰。

2 加入泡過冰水的明膠片 56g，使其溶解，攪勻。

3 把鍋子放在冰水上降溫後，加入檸檬汁 200g 攪勻。放入冰箱內冷藏，使其凝固。

和栗與紅醋栗（p.116）的食譜

◎和栗義式冰淇淋

1 把帶有鬼皮的和栗和大量的水一起放入鍋中煮沸。用中火煮約 50 分鐘。

2 剝掉 **1** 的鬼皮和澀皮。為了保留口感，所以使用網眼較粗的濾網來過濾，做成處處都保留了約 2mm 大的顆粒的泥狀。

3 把黃色穩定劑*1350g、**2** 的和栗泥 600g、鮮奶油（乳脂含量 41%）190g、蜂蜜 30g 放入攪拌器中，打成滑順狀。

4 放入義式冰淇淋機中 5～6 分鐘。

＊：把洗雙糖 160g、鮮奶油（乳脂含量 41%）170g、牛奶（乳脂含量 3.6%・「高梨牛乳 3.6（高梨乳業）」）880g、脫脂奶粉 25g、蛋黃 80g 放入鍋中加熱，保持 86℃以上的溫度 1 分鐘以上，然後放涼備用。

◎茴芹牛奶凍

1 把鮮奶油（乳脂含量 41%）100g、牛奶（乳脂含量 3.6%・「高梨牛乳 3.6（高梨乳業）」）250g、細砂糖 60g、茴芹（完整的）3g 放入鍋中加熱。

2 在即將沸騰前關火，加入泡過冰水的明膠片 6g，使其溶解。

3 濾細後，把鍋子放在冰水上降溫，然後放入冰箱內冷藏，使其凝固。

◎焙茶凍

1 把鍋中的熱水 640g 煮沸，加入焙茶葉 8g，蓋上鍋蓋，燜 3 分鐘。

2 把洗雙糖 95g 和果凍粉 4g 磨碎並攪拌，加入 **1** 中。

3 用手持式攪拌器來攪拌，將茶葉打碎，過濾後，放入保存容器內。放入冰箱內冷藏，使其凝固。只要將茶葉弄碎，就會產生香氣。

信濃甜蘋果與枥木少女草莓的芭菲 タカノフルーツパーラー（森山登美男、山形由香理）

在品種繁多的蘋果與草莓當中，使用甜味與酸味的平衡度良好的信濃甜蘋果和枥木少女草莓來製作芭菲。
雖然只有甜味的水果會讓人覺得膩，但藉由將能夠提味的適度酸味與甜味組合在一起，就能讓人爽快地吃到最後。

日本梨芭菲

タカノフルーツパーラー（森山登美男、山形由香理）

把口感清脆，且含有豐富果汁的幸水梨做成芭菲。將富有光澤的冰沙大量放入玻璃杯中。
在冰淇淋部分，會將各半球的梨子雪貝和香草冰淇淋組成 1 球，在清爽的梨子上添加適度的濃郁滋味。
透過紅酒醬汁與覆盆子果凍來增添紅色，展現出華麗的外觀。

信濃甜蘋果與栃木少女草莓的芭菲

タカノフルーツパーラー（森山登美男、山形由香理）

顆粒狀果凍…適量
>>>作法為，逐步少量地
將果凍液加進冰涼的油
中，使其凝固。等到果凍
凝固後，請充分清洗後再
使用。

發泡鮮奶油（打發至8分硬度）
…適量
>>>由於脂肪含量太高的話，會過於濃
郁，所以混合使用鮮奶油和植物性鮮奶
油來做出清爽的味道。糖度要低一點。

蘋果（信濃甜蘋果、切成很薄的半月形）
…3片
草莓（栃木少女、心型）…4片
草莓（栃木少女、花朵造型）…2片
蘋果（信濃甜蘋果、切成半月形、帶皮）
…1片
蘋果（信濃甜蘋果、切成半月形）
…1片
蘋果（信濃甜蘋果、切成半月形、保留一
半果皮）…2片

草莓雪貝（自製）…50g
>>>用攪拌機把草莓打成泥狀，加入糖漿
後，放入冰淇淋機中。

草莓果汁…適量
>>>用攪拌機把草莓打成泥狀後，濾
細。

發泡鮮奶油（左述）…15g

草莓和蘋果的冰沙…80g
>>>用攪拌機把草莓打成泥狀後，加入
蘋果汁攪勻，放入冰箱內使其凝固。

草莓果汁（上述）…適量

法國白起司的慕斯…20g
>>>將法國白起司和打發的鮮奶油混合，
添加甜味後，透過明膠來做成慕斯。

蘋果（切塊）…適量

君度橙酒果凍…30g

① 把君度橙酒果凍放入玻璃杯底，然後將切塊的蘋果壓進果凍中。

② 擠上法國白起司的慕斯（圓形擠花嘴）。

③ 用湯匙舀起草莓果汁，沿著玻璃杯淋上一圈。

④ 在 3 的上方塞滿草莓和蘋果的冰沙。

⑤ 沿著玻璃杯擠上一圈圓形的發泡鮮奶油（星形擠花嘴‧5 齒 5 號）。

⑥ 用湯匙將草莓和蘋果的果汁淋在發泡鮮奶油上。

⑦ 放上 1 球草莓雪貝和蘋果。

⑧ 放上 2 片切成心型的草莓。

⑨ 放上 2 片切成花朵造型的草莓。

⑩ 放上 2 片切成心型的草莓。

⑪ 把 3 片薄切成半月形的蘋果放在雪貝上。

⑫ 在頂部擠上少許發泡鮮奶油（擠花嘴同上），放上顆粒狀果凍。

關於信濃甜蘋果

信濃甜蘋果具備清脆的稍硬口感與強烈的甜味。擁有適度的酸味，並藉此來更加地突顯出甜味。

信濃甜蘋果的採收期為 11 月。之後，雖然經過低溫保存的產品也會上市，但由於剛採收的蘋果最

好吃，所以若要用的話，建議在 11 月使用。採收後，蘋果不需要催熟。請趁新鮮吃完吧。愈靠近蘋果蒂頭的另一側，甜度愈高。藉由切成半月形，就能在一片蘋果中品嘗到整體的味道。另外，藤蔓愈粗，蘋果就愈香甜可口。（森山）

〉〉〉蘋果的切法

① 縱向切成兩半。

② 在果心部分割出 V 字形切口，去除果心。

③ 切出 3 片薄片。

④ 把剩餘部分切成 4 等分的半月形。分切時，要斜向地下刀，讓其中一端較尖，在裝盤時，看起來就會既穩固又美觀。

⑤ 拿著蘋果，將較尖那端放在砧板上，把菜刀插進果皮上方。

⑥ 將菜刀沿著砧板移動，剝下果皮（1 片）。

⑦ 剝到約一半處，在正中央斜斜地將果皮切斷（2 片）。剩下的 1 片直接保留果皮。

工作的重點

在切水果途中，為了防止剖面變色，所以會將水果浸泡在加了維生素 C 的水中。若是蘋果的話，為了讓水的糖度與蘋果一樣，所以會使用加了糖的水。若不事先在水中加糖的話，水果的甜份就會跑到水中。不過，如果將葡萄

和桃子放進加糖的水中，就會裂開，所以要使用只加了維生素 C 的水。

關於栃木少女草莓

現在，日本的市場上約有 30 種草莓在流通。據說，新誕生的品種的壽命約為 10 年，經過此期間後，就會漸漸變得不好吃。不過，我認為，逐步地持續進行品種改良的「栃木少女草莓」不會讓人失望，是非常優良的品種。雖然特別重視甜味的草莓比較容易受到稱讚，但人們也差不多可以開始重新認識「像栃木少女草莓那樣，具備紮實酸味，且平衡度佳的美味草莓」了吧。栃木少女草莓很少出現品質參差不齊的情況，是品質很穩定的美味品種。其中，栃木縣的「村田農園」的栃木少女草莓是極品，「村田家的草莓」在水果愛好者之間很出名，在店內也很有人氣。有的水果甜點店也會使用。（森山）

〉〉〉草莓的雕花

去除蒂頭與蒂頭周圍部分。

從草莓頂部的正中央下刀，切到中心部分。切出一圈鋸齒狀的切口。

把上下部分拿掉。

〉〉〉心型草莓

草莓要挑選肩部（蒂頭周圍）較圓，且形狀好看的個體。去除蒂頭，在果心部分劃上 V 字形的切口。

把劃上了切口的部分取下。

把草莓放在砧板上，讓 V 字形切口朝向側面，然後切成兩半。

形成心型。若從 V 字形切口下刀切成兩半的話，就不會形成心型，所以要特別留意。另外，若使用形狀歪斜的草莓，就無法形成漂亮的心型。

日本梨芭菲

タカノフルーツパーラー（森山登美男、山形由香理）

裝飾用泡芙酥皮…1 個

薄荷葉…適量

紅色的顆粒狀果凍…適量
>>>作法為，逐步少量地將果凍液加進冰涼的油中，使其凝固。等到果凍凝固後，請充分清洗後再使用。由於想要讓日本梨芭菲的色調豐富一點，所以使用加了覆盆子香甜酒（覆盆子的利口酒）來增添顏色的果凍液。

發泡鮮奶油（打發至 8 分硬度）…適量
>>>由於脂肪含量太高的話，會過於濃郁，所以混合使用鮮奶油和植物性鮮奶油來做出清爽的味道。糖度要低一點。

日本梨（切成半月形）…8 片

日本梨（切成半月形、果皮上有雕花）…2 片

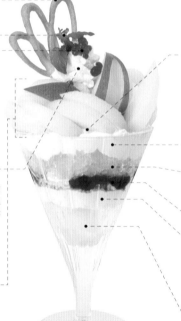

香草冰淇淋和梨子雪貝 合計 80g
>>>用冰淇淋杓舀起各半球放入杯中，組成 1 球。

日本梨果汁…1 大匙
>>>把去除果皮和籽的日本梨放入攪拌機中打成泥狀。

發泡鮮奶油（左述）…適量

日本梨冰沙…100g
>>>把糖漿加進日本梨果汁（上述）中，結凍後製作而成。

紅酒醬汁…少許

法國白起司的慕斯…20g
>>>將法國白起司和打發的鮮奶油混合，添加甜味後，透過明膠來做成慕斯。

日本梨（一口大小）…1 片
君度橙酒的果凍…30g
日本梨果汁（上述）…5ml

〉〉〉裝盤

① 把日本梨果汁和君度橙酒的果凍疊起來，將切成一口大小的日本梨放進果凍中。

② 把法國白起司的慕斯擠在果凍上。首先，沿著玻璃杯擠，將果凍覆蓋。

③ 在慕斯上的 3 處淋上紅酒醬汁。

④ 放上日本梨冰沙。

⑤ 沿著玻璃杯擠上一圈發泡鮮奶油。

⑥ 在發泡鮮奶油上淋上一圈日本梨果汁。

⑦ 用冰淇淋杓舀起各半球的香草冰淇淋和梨子雪貝，放在玻璃杯中的後側。把去皮的日本梨放在前側。

⑧ 在步驟 7 的日本梨上方各放上 1 片帶有雕花的日本梨。

⑨ 擠上發泡鮮奶油（星形擠花嘴・5 齒 5 號）。

⑩ 放上薄荷葉和裝飾用泡芙酥皮。

〉〉〉切成半月形

① 將小菜刀的位置固定住，轉動梨子，削去果皮。如此一來，就能迅速且均勻地削去相同厚度的果皮。

② 縱向切成 4 等分後，從蒂頭的周圍朝果心斜斜地插入小菜刀。

③ 從底部斜斜地插入小菜刀，切下果心。由於果核周圍的果肉很硬，所以要果斷地切掉多一點。

④ 將果肉切成 4～5 等分，讓其中一側形成尖尖的三角形。在裝盤時，只要讓尖尖的那端朝向外側，看起來就會既整潔又美觀。

〉〉〉雕花切法①

① 將帶皮的日本梨縱向切成 4 等分。去除果心的方法與切成半月形（上述）相同。

② 再切成 2 等分，讓其中一側形成尖尖的三角形。

③ 從三角形的底邊下刀，剝下一半的果皮。

④ 在中途以斜切方式將果皮切斷。

〉〉〉雕花切法②

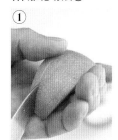

① 與雕花切法①相同，將日本梨切成 4 等分。從邊緣朝內側淺淺地劃出約 5mm 的 V 字形切口。

② 從距離 V 字形尖端的另一側約 1cm 的地方，淺淺地劃出切口，使其與 V 字形的上方相連。

③ 把果皮剝到①和②的切口處，丟掉三角形的果皮。

191

奇異果芭菲

タカノフルーツパーラー （森山登美男、山形由香理）

在這道芭菲中，可以欣賞到綠色與黃色這 2 種奇異果的色調對比。奇異果是一種很難辨別催熟狀態的水果。
這道芭菲裝了大量處於最甘甜可口狀態的奇異果。其中還放了奇異果冰沙與用來代替醬汁的果汁。
兩者皆使用即使放入攪拌機後還是能保持漂亮色調的綠色奇異果。法國白起司的適度酸味與清爽的奇異果很搭。

西瓜與巧克力的芭菲

カフェコムサ 池袋西武店（加藤侑季）

在連鎖的水果甜點店內，受到高人氣的西瓜巧克力蛋糕的啟發而創作出此芭菲。
水嫩的西瓜居然和既苦又濃郁的巧克力那麼搭，許多客人都對此感到驚訝。問題在於，巧克力冰淇淋的挑選。
據說，由於清爽的乳冰（lacto ice）和西瓜不搭，所以嘗試了可可味道很明確的產品，終於找到了關鍵的冰淇淋。

奇異果芭菲

タカノフルーツパーラー（森山登美男、山形由香理）

義大利麵包棒（Grissini）…1 根

顆粒狀果凍…適量
>>>作法為，逐步少量地將果凍液加進冰涼的油中，使其凝固。等到果凍凝固後，請充分清洗後再使用。

發泡鮮奶油（打發至 8 分硬度）…適量
>>>由於脂肪含量太高的話，會過於濃郁，所以混合使用鮮奶油和植物性鮮奶油來做出清爽的味道。糖度要低一點。

奇異果（花朵造型）…1 個
黃金奇異果（雕花）…1 個
奇異果（切成半月形）…3 片
黃金奇異果（切成半月形）…2 片
奇異果（挖出圓球狀）…1 個
黃金奇異果（挖出圓球狀）…1 個
香草冰淇淋和奇異果雪貝…合計 80g
>>>只有香草冰淇淋的話，味道會有點重，所以使用各半球的香草冰淇淋和奇異果雪貝，組成 1 球。

奇異果汁…適量
>>>把綠色奇異果放入攪拌機中打成泥狀。由於籽被打碎後，色調會變醜，所以要多加留意，不要打過頭。

發泡鮮奶油（左述）…15g

奇異果冰沙…100g
>>>把糖漿加到奇異果汁（上述）中，結凍後所製成。

派皮…5g

法國白起司的慕斯…20g
>>>將法國白起司和打發的鮮奶油混合，添加甜味。

奇異果（一口大小）…1 片
奇異果汁…10ml

>>> 裝盤

 ①  ②  ③  ④  ⑤

① 把奇異果汁放入玻璃杯底，將切成一口大小的奇異果放入果汁中。

② 擠上法國白起司的慕斯（圓形擠花嘴）。

③ 把弄得很碎的派皮放在慕斯上，覆蓋表面。

④ 放上奇異果冰沙。

⑤ 沿著玻璃杯擠上一圈發泡鮮奶油。

 ⑥  ⑦  ⑧  ⑨

⑥ 用湯匙把奇異果汁淋在發泡鮮奶油上。

⑦ 用冰淇淋杓舀起各半球的香草冰淇淋和奇異果雪貝，組成 1 球，放在後側。把花朵造型的奇異果放在前側。

⑧ 把雕花造型的黃金奇異果放在 7 的旁邊。

⑨ 均衡地放上切成半月形與挖出圓球狀的奇異果。擠上少許發泡鮮奶油，放上顆粒狀果凍，插上義大利麵包棒。

關於奇異果

奇異果要在常溫下進行催熟。放入冰箱的話，會失去水分而變硬。不過，一旦開始成熟的話，就會一口氣變得很熟，所以要特別注意。剝皮時，不會卡卡的，可以迅速剝下的奇異果，會處於最好吃的狀態。離成熟還很早時，用菜刀也不容易切，若熟過頭的話，果肉就會變形，變得很難剝皮。

》》》削皮方法

奇異果的蒂頭內側有個果軸。在該果軸的周圍劃出一圈切口。

扭動劃上了切口的部分，將蒂頭拿掉。

將底部切除。

削皮。小菜刀不要動，而是移動奇異果，只使用小菜刀的前側來削皮。

》》》雕花

用手拿著奇異果，將小菜刀刺進果肉的中心，劃出鋸齒狀的切口。

劃出一圈切口後，就完成了。

》》》挖出圓球狀

把水果挖球器插進果肉中，挖出圓球狀。

》》》擺成花朵造型

將靠近兩端的部分切得厚一點，靠近中央的部分則切得薄一點。當果肉稍硬時，要切得略薄，當果肉較軟時，要切得略厚。如此一來，果肉就比較容易成形。

使用邊緣的小尺寸切片來製作花蕊。

在 2 的花蕊周圍，由小到大，一片一片地捲起來。在捲的時候，只要將邊緣錯開，看起來就會很好看。

最後，用手指緊緊地壓住下側，使其集中起來。用拇指將上側打開來後，只要稍微傾斜，就會形成漂亮的形狀。

西瓜與巧克力的芭菲

カフェコムサ 池袋西武店（加藤侑季）

裝飾用巧克力…1 個
>>>以隔水加熱的方式將白巧克力融化，加
入抹茶攪勻，進行調溫。再把 OPP 透明膜
上倒出橢圓形。以隔水加熱的方式將黑巧
克力融化，倒入圓錐狀擠花器中。在凝固
後的抹茶巧克力上擠出波浪狀線條。

西瓜…115g（厚切 7 片・挖出圓球狀 2 個）

鮮奶油（乳脂含量 38%）…10g
>>>加入 0.5%的糖，打發至 8 分硬度。

巧克力冰淇淋（高梨乳業）
…100g

西瓜…5g（薄切 6 片）

鮮奶油（上述）…10g

派皮…17g
杏仁切片（烘烤）…3g
>>>事先混合。

西瓜（切塊）…10g

〉〉〉裝盤

放入切塊的西瓜，然後
一邊派皮和杏仁切片
弄碎，一邊放入杯中。

沿著玻璃杯擠上一圈鮮
奶油。

在玻璃杯內側貼上切成
薄片的西瓜。

用冰淇淋杓將巧克力冰
淇淋塞進杯中。

擠上鮮奶油，覆蓋表
面。

用小菜刀將表面弄平。

在玻璃杯上方擺放 6 片
西瓜，並一邊讓西瓜邊
緣部分稍微重疊，一邊
讓較尖的部分朝向外
側。

將剩下的一片厚切西瓜
立在玻璃杯上方。

放上 2 個挖出圓球狀的
西瓜。

使用巧克力來裝飾。

>>> 西瓜的切法

① 把西瓜縱向切成兩半後，放在廚房紙巾上，將小菜刀插進果皮稍微上方處。

② 把西瓜固定住，讓小菜刀與砧板平行地移動，削去果皮。

③ 透過小菜刀的尖端來去除西瓜籽。

④ 切下果心側的果肉，切成塊狀。

⑤ 薄薄地斜切成厚度 1～2cm。

⑥ 將 5 當中的其中 2 片再切成 3 等分。

⑦ 使用直徑 3cm 的水果挖球器，在與 1～6 不同的西瓜中挖出圓球狀，並去籽。

「フルーツパーラーフクナガ」的雪貝

「フルーツパーラーフクナガ」的雪貝非常樸素。
內容物僅有自製的雪貝、香草冰淇淋、水果、發泡鮮奶油。
讓客人透過不同的溫度、口感來品嘗水果的滋味。
請店長西村先生來教大家如何製作出樸素的雪貝。

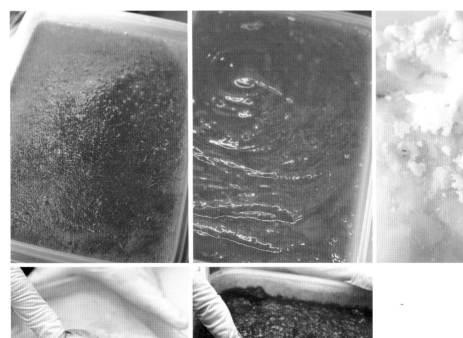

引出水果原本的味道。
這就是「フルーツパーラーフクナガ」的
雪貝作法

在製作雪貝時，重點在於，使用的水果要處於「直接吃也很美味」的狀態。因此，採購品質優良的產品當然不用說，在使用西洋梨與柿子等必須催熟的水果時，要先辨別出最佳食用狀態後再使用。採收後不需要催熟的草莓等水果，則要趁新鮮使用。

本店的雪貝作法為，使用攪拌機把水果粗略地打碎，或是煮到稍微滾一會兒後，將水果凍起來。將完整的果汁與果肉，有時也會連果皮一起做成

雪貝。由於水果本身處於美味狀態，所以要盡量採用樸素的方式來製作雪貝。只會加入少許的自製阿拉伯膠糖漿和檸檬汁。有的水果結凍後，就會讓人不易覺得甜，阿拉伯膠糖漿可以補足甜味。檸檬汁則是為了更加地襯托出各種水果的漂亮色調與香氣。由於只是用來提味，所以兩者的使用量都很少。由於水果是生鮮食品，所以味道會因產地的天候而產生差異。即使長在同一塊田的同一棵樹上，只要日照與通風等條件不同，味道就會產生差異。我的工作就是透過催熟與溫度管理來引出水果本身具備的美味。然後，將其美味凝聚起來的就是雪貝的製作。（西村誠一郎）

草莓雪貝

①
把草莓的蒂頭掀開，將蒂頭的根部切除。要盡量減少切除的部分，盡可能地用完整個草莓。

②
放入果汁機中，加入現榨檸檬汁。在加入分量方面，6 盒草莓要使用半顆檸檬。觀察草莓的味道來調整分量。

③
加入自製阿拉伯膠糖漿（細砂糖和水的比例為1：1）。當草莓的甜味很強烈時，糖漿的分量要稍微少一點。

④
啟動果汁機。打成滑順狀後，立刻關閉果汁機，不要打過頭。

⑤
倒入保存容器內，放入冰箱內 1～2 天，使其結凍。

在雪貝中，栃木少女草莓和甘王草莓各占了一半。栃木少女草莓帶有酸味，屬於能夠確實地感受到傳統草莓風味的品種。甘王草莓是用來增添甜味與鮮豔的色澤。當栃木少女草莓的顏色較淡時，也可以稍微增加甘王草莓的比例。兩種草莓都只會使用直接吃也很好吃的產品。為了最低限度地補足結凍後而變得不易感覺到的甜味與酸味，並引出更加確實的味道，所以會加入少許檸

檬汁和阿拉伯膠糖漿來提味。先試試草莓的味道後，再來判斷要加的分量。試味道時，要選擇顏色較淡的草莓。這是因為，藉由試吃甜度似乎較低的草莓的味道，就能判斷出要如何調整整體的味道。（西村）

哈密瓜雪貝

①
把哈密瓜切成兩半。將篩網放在攪拌機上，把籽和內果皮濾進攪拌機中。

②
用手搓揉篩網內的食材，毫不浪費地將食材濾進攪拌機中。

③
薄薄地削去哈密瓜的果皮。在削皮時，只要稍微保留綠色的部分，就能做出可以讓人確實感受到哈密瓜味道與香氣的雪貝。

④
把果肉切塊，放入攪拌機中，由於結凍後會比較不容易感受到甜味，所以要加入自製的阿拉伯膠糖漿來補足甜味。

⑤
用高速來攪拌。打成保留了適度口感的狀態，避免口感過於滑順。移至保存容器內，放入冷凍庫，使其結凍。

哈密瓜含有豐富的鉀，內果皮中則含有許多以 β-胡蘿蔔素為首的有益人體物質。由於我想要毫不浪費地將水果的養分使用完畢，所以製作雪貝時，也會將籽的周圍部分和內果皮確實地榨乾。

另外，由於果皮正下方含有最多香氣成分，所以在削果皮時，要盡量削得薄一點，不要造成浪費。（西村）

西洋梨雪貝

①

把西洋梨 2.2kg 縱向切成 4 等分,去皮。削皮時,只要將菜刀的位置固定住,然後轉動西洋梨,就能把皮削得很漂亮。

②

粗略地切成厚度約 1cm 左右的切片。由於西洋梨果皮正下方部分的香氣最為強烈,所以果皮要削得薄一點,某些部分即使沒削乾淨也無妨。

③

放入鍋中,加入約 1/2 顆份的檸檬汁、水 400ml,開強火。

④

煮到稍微滾一會兒後,粗略地去除浮沫。

⑤

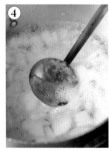

加入細砂糖 154g,粗略地攪拌。

⑥

關火,加入白酒 40ml,粗略地攪拌。煮好後,藉由加入少許白酒,就能增添帶有芳醇的清爽香氣。

⑦

在常溫下放涼。在放涼前,透過餘溫來加熱,形成如同照片中那樣的軟趴趴狀態。移至保存容器內,放入冷凍庫,使其結凍。雖然保留了果肉的形狀,不過由於果肉原本就煮得很軟,所以能夠用冰淇淋杓挖起結凍的果肉。

使用山形縣產 MELLOWRICH 與法蘭西梨等品種。為了發揮香味與味道,所以在使其結凍前,只會粗略地煮過。為了讓西洋梨形成「直接吃也很好吃,而且軟到即使不用煮很久也無妨」的狀態,所以要在常溫下進行催熟。催熟的大致基準為,帶有香氣,摸起來會覺得有點軟。試著吃吃看,若香氣十足,能確實地感受到甜味,而且變得黏稠柔軟的話,就代表西洋梨處於最佳食用狀態。當西洋梨熟過頭或受損而產生透明部分時,要將該部分去除。已經切開時,要摸摸看角落的部分,若覺得硬的話,就必須繼續催熟。(西村誠一郎)

OKESA 柿雪貝

① 把小菜刀斜斜地插進蒂頭周圍，劃出一圈切口。

② 丟掉蒂頭，把帶皮的果肉用手捏碎，放入攪拌機中。

③ 由於結凍後，就會變得不易感受到甜味，所以要加入阿拉伯膠糖漿來補足甜味。

④ 放入果汁機中打成泥狀，然後使用錐形濾網，將其濾進保存容器內。由於果肉非常軟，所以只要打 7～8 秒，就會形成滑順狀。

⑤ 由於黏稠狀的果泥很難濾，所以要用杓子按壓，以榨的方式來濾。放入冷凍庫內，使其結凍。

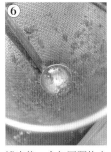
⑥ 濾完後，會如同照片中那樣，錐形濾網中只會剩下一點渣滓。把細砂糖加進該渣滓中煮，就能做出果醬。

用於製作雪貝的是新潟縣佐渡島產的「平核無柿」，俗稱「OKESA 柿」。如同其名，形狀為平坦的方形，屬於無籽澀柿。市面上所販售的商品都已去除澀味，味道變得很甜。透過帶有黏稠感的獨特果肉來做出香甜濃稠的雪貝。不管怎麼說，把此雪貝做得好吃的秘訣在於，要慢慢地等待，讓柿子確實成熟。催熟工作要在常溫下進行。適合製作雪貝的成熟度為，軟到用手就能輕易地捏爛的程度。在照片中，右邊的 5 顆橘色柿子離用來製作雪貝還早，放在左邊的柿子帶有紅色，且呈現出透明感，剛好適合用來製作雪貝。

葡萄雪貝

① 從枝幹上將葡萄果實摘下，清洗後，去除蒂頭等部位。康拜爾葡萄要佔總量一半以上，其餘則使用貝利 A 葡萄、司特本葡萄等品種。其中，康拜爾葡萄帶有獨特的豐富香氣，是不可或缺的。

② 把帶皮的 1 放入攪拌機中，加入「分量為攪拌機刀刃轉得動的程度」的檸檬汁（用水稀釋過），攪勻（要調整時間，讓籽沒有碎裂，只有果皮和果肉變成果汁狀。

③ 移至鍋中，開火，煮到稍微滾一會兒後，去除浮沫。

④ 用錐形濾網來過濾，使用杓子來按壓，將汁液榨乾。大概只有籽會殘留在錐形濾網中。嚐嚐看味道，若結凍後甜味會變得不足的話，就加入適量阿拉伯膠糖漿。

⑤ 在常溫下放涼，移至保存容器中，放入冷凍庫內，使其結凍。經過1～2 天後，當凝固程度達到約 8 成時，就取出，使用手持式攪拌器來攪拌。繼續放入冷凍庫內，直到完全結凍。

最近，以「顆粒大、甜味強烈、可以連皮一起吃」為特色的葡萄很受歡迎。另一方面，對於本店的雪貝來說，不可或缺的葡萄則是康拜爾葡萄、司特本葡萄、貝利 A 葡萄等。雖然因為必須剝皮，而且有籽，所以很費工，但是由於我知道這類葡萄用於製造葡萄酒，所以味道很濃郁，香氣也強烈得多。因此，我只會使用「明明非常好吃，但現在卻很少人會吃」的葡萄，將其作成雪貝這種容易入口的型態。做成雪貝時，只有這些品種才能呈現出帶有深度的美麗紫色。雖然很費工，但沒有這些葡萄，本店的葡萄雪貝是做不出來的。為了製作雪貝，一季大約要準備 150kg 的葡萄。

「フルーツパーラーゴトー」的冰淇淋

「フルーツパーラーゴトー」芭菲中必定會加入自製的冰淇淋。
材料非常簡單，只有最佳食用狀態的水果、檸檬汁、糖粉、鮮奶油而已。
美味的秘訣在於，每次仔細地準備少量的冰淇淋，趁新鮮使用完畢。

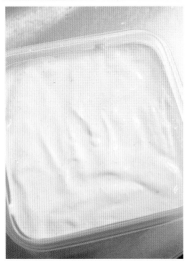

冰淇淋的作法是自學的。
做成能夠襯托水果美味的味道

冰淇淋的作法不是向別人學的，而是一邊看書等資料，一邊持續地研究，才達到了現在的成果。透過少數的材料來簡單地製作出，能夠發揮水果美味的冰淇淋。話雖如此，水果冰淇淋並不是只使用一種水果來製作，舉例來說，若是香蕉冰淇淋的話，為了呈現清爽感，所以會加入鳳梨。柿子與草莓的冰淇淋則是會將 2 種品種以上混合在一起，讓味道變得更有深度。另外，依照水果的味道，加入的檸檬汁與糖粉的分量也有所不同。在鮮奶油部分，會將兩種乳脂含量不同的鮮奶油混在一起，做成均衡的味道，會依照各種冰淇淋來調整比例與調配方式，進行各種嘗試後，才決定了現在所使用的份量。由於在製作時，會將結凍的水果進行攪拌，所以會透過容易溶解的糖粉來增添甜味。我希望能夠一邊襯托作為主角的水果的味道，一邊呈現出冰淇淋的獨特美味。

由於我是透過食物調理機來製作，所以無法一次準備很多的量，不過我每天都會勤奮地製作數種冰淇淋，補充份量，所以能趁新鮮就將水果使用完畢。

（後藤美砂子）

香蕉冰淇淋

① 把香蕉 240g 切成長度 2cm 的圓片。把鳳梨切成厚度 1cm 的扇形。使其各自結凍後,一起放入食物調理機中。

② 加入檸檬汁 2 小匙。

③ 加入糖粉 5 大匙。

④ 加入乳脂含量 42%的鮮奶油 100ml 和牛奶 50ml。

⑤ 按住脈衝按鈕 5～10 秒鐘。打開蓋子,用鍋鏟上下翻動材料。重複此步驟 5～6 次,直到刀刃能夠轉動為止。

⑥ 當刀刃能夠轉動後,每隔 15 秒就打開蓋子,用鍋鏟上下翻動材料。

⑦變得滑順後,就移至 Ziploc 保鮮盒內。

⑧ 蓋上蓋子,放進冷凍庫擺放一晚。為了不讓冰淇淋接觸空氣,所以準備的量要與容器的容量相同。

只要使用柔軟的香蕉,成品就會變成褐色。香蕉送來後,當天就立刻放入冷凍庫。只要使用略硬的香蕉,就能做出帶有清爽香氣與味道的冰淇淋。另外,為了讓人清爽地品嘗香蕉,所以會加入少許鳳梨。由於加了香蕉的冰淇淋容易變硬,所以為了降低乳脂含量,也會使用牛奶。與其他冰淇淋相比,鮮奶油的量也會比較少。(後藤)

 草莓冰淇淋

① 將草莓 300g 的蒂頭去掉後,切成兩半,以 V 字形切法來去除蒂頭的根部。使其結凍後,放入食物調理機中。

② 加入檸檬汁 2 小匙、糖粉 5 大匙、乳脂含量 47%的鮮奶油 100ml 和乳脂含量 42%的鮮奶油 50ml。

③ 按住脈衝按鈕 5～10 秒鐘。打開蓋子,用鍋鏟上下翻動材料。重複此步驟 5～6 次,直到刀刃能夠轉動為止。

④ 當刀刃能夠轉動後,每隔 15 秒就打開蓋子,用鍋鏟上下翻動材料。

⑤ 變得滑順後,就移至 Ziploc 保鮮盒內,蓋上蓋子,放進冷凍庫擺放一晚。

在製作此冰淇淋時,會使用各一半的夏日花冠草莓和栃木少女草莓。只要使用夏日花冠草莓和栃木少女草莓這類果肉的果心為白色的品種,就能呈現出漂亮的粉紅色。使用甘王草莓的話,會形成帶有黑色的渾濁顏色。由於草莓冰淇淋剛從冷凍庫拿出來時還很硬,所以在使用前,就要提早拿出來放在冷藏櫃或常溫下,使其稍微變軟後,再使用。(後藤)

綜合水果冰淇淋

① 讓香蕉（1.5cm 寬）100g、蘋果（8mm 塊狀）100g、鳳梨（1.5cm 塊狀）150g、甜橙果肉150g 結凍後，放入食物調理機中。

② 依序加入檸檬汁 2 小匙、糖粉 7 大匙、乳脂含量 42％ 的鮮奶油150ml 和乳脂含量 47%的鮮奶油 100ml。

③ 按住脈衝按鈕，進行攪拌，直到刀刃能夠順利地轉動。

④ 當刀刃開始轉動後，每隔 30 秒就打開蓋子，用鍋鏟上下翻動材料。由於甜橙和鳳梨容易殘留結塊，所以要特別留意。

⑤ 均勻地打成滑順狀後，就移至 Ziploc 保鮮盒內，蓋上蓋子，放進冷凍庫擺放一晚。

由於蘋果的果皮和果肉之間含有很多養分，所以要使用帶皮的蘋果。由於結凍後會變硬，所以切得細小一點會比較好。由於加入香蕉容易使冰淇淋變硬，所以要將乳脂含量控制在比其他冰淇淋來得低的程度，以提升柔軟度。（後藤）

 柿子冰淇淋

① 把平核無柿 200g 切成一口大小後，凍起來。將黏稠狀態的甲州百匁柿放入 Ziploc 保鮮盒內，凍起來，切成一口大小。將這些材料放入食物調理機中。

② 依序加入檸檬汁 1 小匙、糖粉 6 大匙、乳脂含量 42％ 的鮮奶油100g 和乳脂含量 47%的鮮奶油 100g。

③ 按住脈衝按鈕 5～10 秒鐘。打開蓋子，用鍋鏟上下翻動材料。重複此步驟 5～6 次，直到刀刃能夠轉動為止。

④ 當刀刃開始轉動後，每隔 30 秒就打開蓋子，用鍋鏟上下翻動材料。均勻地打成滑順狀後，就移至 Ziploc 保鮮盒內，蓋上蓋子，放進冷凍庫擺放一晚。

這是要用於甲州百匁柿芭菲的冰淇淋。基本材料為平核無柿。由於果肉顏色為明亮的橘色，所以會形成顏色很漂亮的冰淇淋。不過，如果只用平核無柿來製作的話，對於用來搭配甲州百匁柿的冰淇淋來說，味道還是稍微過於清爽，所以要加入一成的百匁柿。若加入太多百匁柿的話，就會聞到用來去除澀味的燒酎味道，所以不能再繼續加。將「成熟到變成黏稠狀，且味道非常甘甜濃郁的柿子」凍起來，然後切成塊狀，放入食物調理機中。若硬到很難切的話，就先在常溫下放一段時間後再切。（後藤）

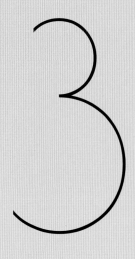

3

巧克力、茶、
咖啡口味的芭菲

巧克力

抹茶

咖啡

紅茶

「ショコラティエ」的巧克力運用技巧

巧克力是經常用來製作芭菲的食材。
在本章節中，要介紹整年都提供巧克力芭菲的「ショコラティエ パレ ド オール東京」這間店的巧克力運用技巧。

糖飾（很薄的圓盤狀）

覆盆子

裝飾用巧克力（棒狀）

莓果紅酒雪酪
黑巧克力雪酪
白巧克力冰淇淋

裝飾用巧克力（很薄的圓盤狀）

白巧克力甘納許
可可風味的香草冰淇淋

裹上牛奶巧克力的
法式薄餅碎片

黑巧克力雪酪

裹上黑巧克力的穀麥（Granola）

白巧克力甘納許

金色圓盤芭菲

這道冠上了店名的經典芭菲會不定期地推出。在冰淇淋部分，除了「黑巧克力、白巧克力、透過可可粒來增添香氣的香草冰淇淋、清爽的黑巧克力雪酪」這 4 種以外，還會搭配上帶有酸味的莓果紅酒雪酪。使用白巧克力甘納許來代替新鮮奶油，處處都採用了很有「ショコラティエ」風格的設計。

金色圓盤芭菲
～高級和栗

這是在 2017 年秋季上市的芭菲。在玻璃杯中使用很薄的板狀巧克力來區隔空間，左邊為巧克力雪酪、白巧克力與和栗的鮮奶油，右邊則疊上了和栗泥和甘露煮。在設計上，一方面將黑巧克力和栗子結合，另一方面又能讓人充分地品嚐栗子本身的味道。

黑巧克力甘納許

黑巧克力雪酪
白巧克力與和栗的
鮮奶油
皇家薄餅碎片

裝飾用巧克力
（很薄的圓盤狀，加了可可粒）

裝飾用巧克力（棒狀）

莓果紅酒雪酪
黑巧克力雪酪
白巧克力冰淇淋

白巧克力與和栗的
鮮奶油

可可風味的香草冰淇淋
白巧克力與和栗的鮮奶油

栗子甘露煮（切碎）
白巧克力與和栗的鮮奶油
栗子甘露煮（1 個）
和栗泥

巧克力（薄板狀）

技巧 1 調溫

製作裝飾用巧克力時，這項步驟是不可或缺的。主廚要教大家如何在調理盆中進行調溫。透過此方法，即使是少量的巧克力，操作起來也很方便。

把巧克力放入調理盆中，一邊進行隔水加熱，一邊攪拌，使其融化。

讓巧克力完全融化，形成滑順狀態。

繼續一邊攪拌，一邊加熱，當溫度到達 45～50℃時，加入固體的巧克力，攪勻。

當巧克力的溫度降到31～33℃時，就會凝固成形。

技巧 2 把巧克力做成雪酪

由於雪酪不含乳脂成分，可以直接地呈現清爽的巧克力美味。介紹「ショコラティエ」的獨特口味的作法。

把水、細砂糖、香草豆莢（大溪地產）的籽和豆莢放入鍋中，一邊攪拌一邊加熱，煮到稍微滾一會兒。

透過隔水加熱的方式來讓黑巧克力融化。

把少許的 1 濾進 2 中。

大幅地攪動攪拌器，充分攪勻，使其分離。

使其形成沒有光澤的粗糙狀態。

加入剩下部分的約 1/3 的量，使用攪拌器，以畫小圓的方式來攪拌，讓巧克力形成帶有光澤的滑順狀態。

把 1 全部加進去攪拌後，一起把調理盆放在冰水上，一邊攪拌，使其急速冷卻。

放入冰淇淋機中，打成霜淇淋般的軟度。

三枝俊介
1956 年出生於大阪府，曾任職於大阪・梅田「Hotel Plaza」（已歇業），90 年在大阪・吹田創立「Mélange」。96 年前往法國・里昂「Bernachon」進修。2004 年在大阪・梅田創立「「ショコラティエ パレ ド オール」。目前經營 7 間店。

ショコラティエ　パレ ド オール東京
東京都千代田区丸の内 1-5-1
新丸の内ビルディング 1F
電話 03-5293-8877

Toshi 風格的巧克力芭菲

トシ・ヨロイヅカ 東京（鎧塚俊彦）

主題是「成年人的巧克力芭菲」。在主要的巧克力冰淇淋中，使用了透過本公司的農園的可可豆製作而成的巧克力。
其特色為，味道很有深度，能確實地感受到苦味與酸味。而且，還會藉由將具有不同類型的酸味的覆盆子和杏桃加
在一起，讓客人品嘗到多層次的酸味，並添加東加豆與茴芹的甘甜香氣來適度減緩客人對於酸味的印象。

松露芭菲

デセール ル コントワール（吉崎大助）

在這道芭菲中，可以品嘗到法國・佩里戈爾產的黑松露的性感誘人香氣。與其搭配的是，香草、焙茶、紅酒、巧克力，
皆為香氣很豐富的食材。為了撐起松露的強烈香味，所以會仔細地研究，在每個部分都使用香氣足夠且味道紮實的食材。
酸味櫻桃的鮮明酸味會幫整道芭菲提味。

Toshi 風格的巧克力芭菲

トシ・ヨロイヅカ 東京（鎧塚俊彦）

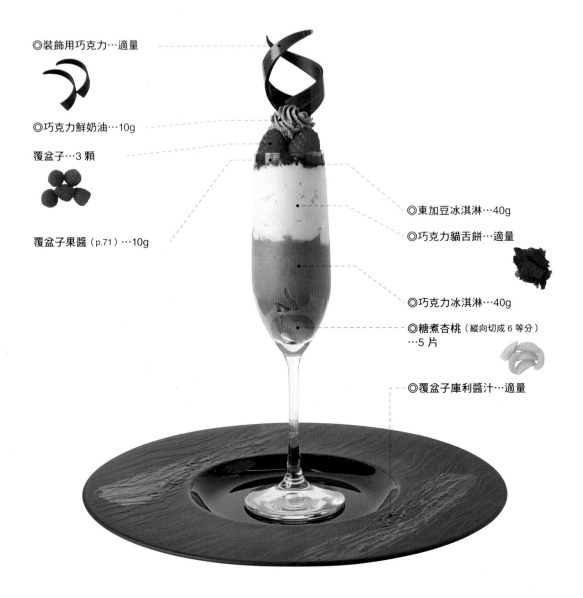

◎裝飾用巧克力…適量

◎巧克力鮮奶油…10g

覆盆子…3 顆

覆盆子果醬（p.71）…10g

◎東加豆冰淇淋…40g

◎巧克力貓舌餅…適量

◎巧克力冰淇淋…40g

◎糖煮杏桃（縱向切成 6 等分）
…5 片

◎覆盆子庫利醬汁…適量

〉〉〉 裝盤

① 把覆盆子庫利醬汁塗在盤子上。

② 把糖煮杏桃放入玻璃杯中。

③ 逐步少量地用湯匙舀起巧克力冰淇淋，塞進杯中，並將表面弄平。

④ 放上弄碎的巧克力貓舌餅，覆蓋冰淇淋的表面。

⑤ 塞入東加豆冰淇淋，把表面弄平。

◎裝飾用巧克力

1 以隔水加熱的方式將可可脂融化，加入紅色調色粉攪勻。塗在 OPP 透明膜上。

2 對黑巧克力（可可成分 66％・自製）進行調溫後，薄薄地倒入 **1** 的透明膜上。

3 當巧克力開始凝固時，切成細長的三角形。從透明膜上剝下。使用擀麵棍將 OPP 透明膜捲起來時，要先讓紅色的巧克力位於外側，然後再將巧克力捲成圓形。放入冰箱保存。

◎巧克力鮮奶油

1 把鮮奶油（乳脂含量 32％・「風味 32（明治乳業）」）130g、蜂蜜 10g、水飴 10g 煮沸，倒進放了黑巧克力（可可成分 66％・自製）55g 的調理盆中，攪勻，使其乳化。放入冰箱中靜置一晚。

2 將鮮奶油（乳脂含量 42％）加進 **1** 中（分量為，每 105g 材料要加入 90g 鮮奶油），打成泡沫。

◎東加豆冰淇淋

1 將蛋黃 100g、細砂糖 90g、蜂蜜 50g 混合並攪拌。

2 把牛奶 400g、鮮奶油（乳脂含量 32％・「風味 32（明治乳業）」）200g、東加豆（縱向切半）3 顆分加熱到快要沸騰，關火，蓋上鍋蓋，讓東加豆的香氣轉移。

3 逐步少量地把 **2** 加進 **1** 中，攪勻。倒回鍋中，加熱到 82℃。

4 濾細後，把鍋子放在冰水上降溫。放入冰淇淋機中。

◎巧克力貓舌餅

1 把糖粉 50g 加到已放軟的奶油 50g 中，用橡膠鍋鏟攪拌。

2 把蛋白 50g 打勻，逐步少量地加到 **1** 中，充分攪勻，每次都要使其乳化。

3 將低筋麵粉 35g 和可可粉 15g 混合、過篩，然後一口氣加到 **2** 中。使用橡膠鍋鏟，以切的方式來攪拌。

4 把 Silpat 烘焙墊鋪在烤盤上，薄薄地將 **3** 攤開來。放入 180℃的烤箱中烤 8 分鐘。

◎巧克力冰淇淋

1 把牛奶 180g、鮮奶油（乳脂含量 32％）20g、脫脂奶粉 10g 加熱到 30℃。加入轉化糖漿 Tremorine 18g，加熱到 45℃。加入切碎的黑巧克力（可可含量 66％・自製）、細砂糖 23g、伊那膠凝劑（伊那食品工業）1.2g，加熱到 82℃。

2 把鍋子放在冰水上降溫後，倒進冰淇淋機中。

◎糖煮杏桃

1 將杏桃去籽後，縱向切成 6 等分

2 把茴芹 3g 加進波美 17 度的糖漿 250g 中煮沸。加入 **1**，稍微煮一下，保留新鮮口感。

◎覆盆子庫利醬汁

1 用手持式攪拌器將覆盆子（生的）打成泥狀。

把覆盆子果醬放入玻璃杯邊緣。

放上 3 顆覆盆子。使用裝上了星形擠花嘴的擠花袋，把巧克力鮮奶油擠在覆盆子的正中央。

把 2 片裝飾用巧克力插在巧克力鮮奶油上。裝飾方式為，讓巧克力的紅色那側朝向外側，並使其互相交錯。

松露芭菲

デセール ル コントワール（吉崎大助）

金箔…少許

黑松露（佩里戈爾產）…適量

◎香草冰淇淋…35g
焦糖杏仁（p.25）…2g

◎糖煮櫻桃…35g

◎外交官奶油（p.25）…60g

◎焙茶牛奶凍…35g

◎紅酒果凍…25g

◎巧克力鮮奶油…25g

>>> 裝盤

① 把巧克力鮮奶油放入玻璃杯中，將表面弄平，放入冰箱內冷藏，使其凝固。

② 靜靜地將紅酒果凍淋在①上，放入冰箱內冷藏，使其凝固。

③ 倒入焙茶牛奶凍，放入冰箱內冷藏，使其凝固。

④ 擠上外交官奶油。

⑤ 輕輕地放上糖煮櫻桃。

◎香草冰淇淋

1 把牛奶 1kg 和鮮奶油（乳脂含量 35%）500g 放入鍋中，切開香草豆莢 20g，取出香草籽，和豆莢一起放入鍋中。開火加熱。

2 關火，加入細砂糖 290g、水飴 45g 攪勻。把鍋子放在冰水上降溫後，放進冰箱中靜置一晚。

3 倒入冰淇淋機中。

◎糖煮櫻桃

1 把冷凍的酸味櫻桃（Boiron 公司）1kg 和紅酒 200g 放入鍋中加熱。當溫度到達 45℃後，就關火。

2 把細砂糖 600g 的其中一部分和 HM 果膠 12g 混合，加進 **1** 中攪勻。加入剩下的細砂糖攪勻。冷卻後，放進冰箱中靜置一晚。

◎焙茶牛奶凍

1 把牛奶 600g 和鮮奶油（乳脂含量 35%）600g 放入鍋中煮沸，關火。加入細砂糖 100g 和泡過冰水的明膠片 10g，攪勻，使其溶解。

2 加入焙茶（下北茶苑大山）48g。用保鮮膜緊密地包覆表面，放置 30～40 分鐘。

3 濾細後，把鍋子放在冰水上降溫。倒入玻璃杯中（參照裝盤的步驟 3）。

◎紅酒果凍

1 把紅酒（卡本內蘇維翁葡萄酒）350g 和水 650g 放入鍋中煮沸，讓酒精成分揮發，並煮到收汁，讓液體剩下 100g。

2 加入細砂糖 100g、泡過冰水的明膠片 10g，攪勻，使其溶解。加入黑醋栗果泥 15g，攪勻。

3 把鍋子放在冰水上降溫後，倒入玻璃杯中（參照裝盤的步驟 2）。

◎巧克力鮮奶油

1 把蛋黃 8 顆和細砂糖 200g 放入調理盆中，用攪拌器磨碎並攪勻。

2 把牛奶 1L 和香草豆莢（使用第二次）1 根分放入鍋中煮沸。

3 把 **2** 加入 **1** 的調理盆中攪勻後，倒回鍋中。開中火，一邊攪拌，一邊加熱。

4 當溫度到達 90℃後，加入巧克力（可可含量 70%・「pistole Saint-Domingue」Cacao Barry）400g，使其溶解。用攪拌器充分攪拌，使其乳化。

5 把鍋子放在冰水上降溫後，倒入玻璃杯中（參照裝盤的步驟 1）。

⑥ 靜靜地倒入糖煮櫻桃的湯汁，把櫻桃之間的空隙填滿。

⑦ 把焦糖杏仁放在中央。

⑧ 用湯匙舀起 1 球香草冰淇淋，放在焦糖杏仁上。

⑨ 把用切片器削成薄片的黑松露放在玻璃杯中的右半邊。

⑩ 在香草冰淇淋上使用金箔來裝飾。

把熱巧克力醬汁淋在香草冰淇淋上的這道「白衣貴婦」，是江口先生的修業地點比利時的經典甜點。
加入香蕉與滑順的巧克力鮮奶油來改良成大人口味的巧克力香蕉芭菲。

曼哈頓莓果

パティスリー & カフェ デリーモ（江口和明）

這道芭菲的靈感來自於千層派。鮮奶油中使用了太妃糖鮮奶油。
太妃糖鮮奶油是由煮到收汁的煉乳和卡士達醬等混合而成。
在紐約，人們會將其和莓果一起放在吐司上，當成早餐。知道這一點後，便想出了此名稱。

白衣貴婦

パティスリー & カフェ デリーモ（江口和明）

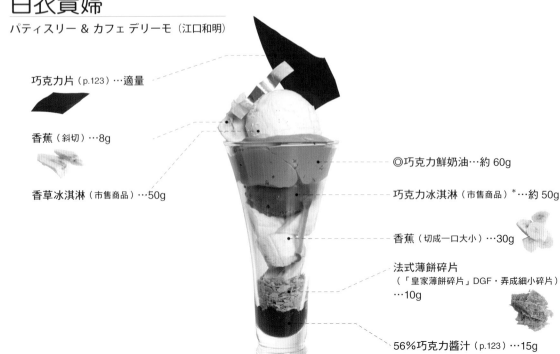

巧克力片（p.123）…適量

香蕉（斜切）…8g

香草冰淇淋（市售商品）…50g

◎巧克力鮮奶油…約 60g

巧克力冰淇淋（市售商品）*…約 50g

香蕉（切成一口大小）…30g

法式薄餅碎片
（「皇家薄餅碎片」DGF・弄成細小碎片）
…10g

56%巧克力醬汁（p.123）…15g

56%巧克力醬汁（P.123）…適量
（另外附上）

＊：考慮到與香蕉之間的契合度，所以選擇味
道清爽，帶有果香，且不會過於濃郁的產品。

〉〉〉裝盤

① 把 56%巧克力醬汁裝進醬料瓶中後，把芭菲玻璃杯蓋在醬料瓶上。

② 把醬料瓶和芭菲玻璃杯同時倒過來，將醬汁擠進玻璃杯中。

③ 放入法式薄餅碎片。

④ 放入切成一口大小的香蕉。

⑤ 放上 1 球巧克力冰淇淋。

⑥ 擠上巧克力鮮奶油，使其高度達到玻璃杯的上緣（不使用擠花嘴）。

⑦ 放上 1 球香草冰淇淋。

⑧ 放上斜切的香蕉。

⑨ 使用巧克力片來裝飾。

◎巧克力鮮奶油

1 把鮮奶油（乳脂含量 35%）1kg、水飴 120g、轉化糖漿 Tremorine 100g 放入鍋中加熱。若剛打好的鮮奶油還有剩的話，也可以拿來用。使用水飴是為了讓鮮奶油具備保形性。轉化糖漿 Tremorine 能夠防止鮮奶油失去水分，提升保水力，讓油水變得不易分離。

2 把黑巧克力（可可含量 66%・「Del'immo 原創黑巧克力」）、牛奶巧克力（可可含量 41%・「Del'immo 原創牛奶巧克力」）各 150g 放入調理盆中，放入 700W 的微波爐中加熱約 2 分鐘，使其融化。由於使用隔水加熱的話，調理盆的溫度會上升過多，巧克力容易燒焦，而且水蒸氣進入會使成品變得粗糙，所以使用微波爐來融化會比較好。

3 當 1 沸騰後（**a**），把約 1/4 的量倒入 2 的調理盆中，用攪拌器來攪拌（**b**）。當巧克力溶解後（**c**），分成 2 次加入剩下的部分，每次都要充分攪拌。

4 把 1 全部攪拌好後，改拿橡膠鍋鏟，將所有材料攪勻（**d**）。

5 一口氣加入冰涼的鮮奶油（乳脂含量 35%）250g，攪勻（**e**）。

6 放入冰箱內靜置一晚。雖然靜置前水分很多（**f**），但經過一晚後，就會變得黏稠（**g**）。

7 使用裝上了攪拌器的桌上型攪拌機的高速模式來攪拌，打發至 8 分硬度。把攪拌器從攪拌機上拆下，用手動方式來攪拌，調整硬度。只要讓泡沫達到會鞠躬的硬度即可（**h**）。

8 準備網眼較大的篩網與較小的篩網（**i**）。把適量的黑巧克力（可可含量 66%・「Del'immo 原創黑巧克力」）放進食物調理機中，粗略地打碎。首先，倒在網眼較大的篩網中，然後再把殘留在篩網中的巧克力倒進網眼較小的篩網中。依照 15% 的比例，將殘留在篩網中的巧克力加到鮮奶油中攪勻（**i**）。

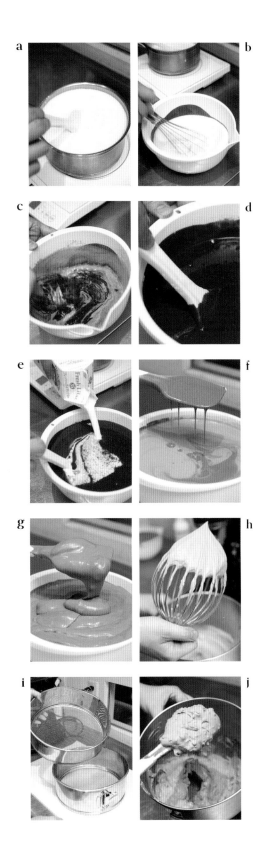

曼哈頓莓果

パティスリー & カフェ デリーモ（江口和明）

◎巧克力片…適量

草莓（縱向切成 4 等分）…1 顆分

草莓冰淇淋（市售商品）*…適量

◎太妃糖鮮奶油…60g

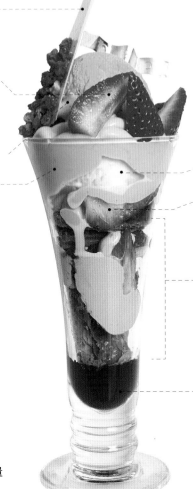

香草冰淇淋（市售商品）…約 50g

草莓（縱向切成 4 等分）
…1 顆分

◎千層酥皮…36g
◎太妃糖鮮奶油…15g
覆盆子…3 顆
草莓（縱向切成 4 等分）…1 顆分
◎千層酥皮…12g

56%巧克力醬汁（p.123）…15g

＊：使用甘王草莓製成的產品。

56%巧克力醬汁（p.123）…適量
（另外附上）

〉〉〉裝盤

①	②	③	④	⑤

把千層酥皮撕成略大片。	把黑醋栗醬汁放入玻璃杯中後，再放上 1 的千層酥皮。	放入草莓和覆盆子。	將太妃糖鮮奶油分成 3 處擠在草莓與玻璃杯之間的空隙中（不使用擠花嘴。把擠花袋的前端剪得小一點）。	放上撕成略大片的千層酥皮，輕輕地按壓。

◎巧克力片

1 對適量的白巧克力（可可含量 29%．「NEVEA（Weiss）」）進行調溫後，薄薄地倒在鋪上了 OPP 透明膜的烤盤上。

2 製作芭菲時，要切成適當大小。讓透明果膠（nappage neutre）＊穿過邊緣部分，並在該處撒上適量的冷凍乾燥草莓（薄片狀），使其黏住。

＊：透明無色的果膠。果膠的用途為，塗在慕斯與水果的表面，產生保護作用，並呈現光澤。

～～～～～～～～～～～～～～～～～～～～～～

◎太妃糖鮮奶油

1 把細砂糖 100g 放入鍋中加熱，使其焦化。關火，加入鮮奶油（乳脂含量 35%）100g，攪勻。

2 把煉乳 500g 放入調理盆中。倒入 **1**，攪勻。

3 移至耐熱玻璃瓶中，關閉蓋子，以隔水加熱的方式來加熱 2 小時。2 小時後，關火，直接在熱水中放涼。

4 用橡膠鍋鏟來攪拌、揉開卡士達醬（省略解說）。若揉過頭的話，會變得鬆軟，失去彈牙口感，所以不能攪拌太久。

5 把適量的鮮奶油（乳脂含量 35%）打發至 10 分硬度。讓鮮奶油確實地立起來，呈現稍微有點乾的狀態。

6 以 1：2：1 的比例來將 **3** 的鮮奶油、**4** 的卡士達醬、**5** 的鮮奶油混合。

◎千層酥皮

1 事先將奶油 450g 冰涼。

2 把已融化的奶油 40g、中筋麵粉 400g、鹽 10g、水 150～200g 放入食物調理機中攪拌。當奶油均勻地分布在各處後，由於即使有些部分還殘留了麵粉也無妨，所以將麵團集中起來，放入冰箱靜置一晚。

3 把 **2** 桿成 5～6mm 厚的正方形。把事先冰涼的奶油放在麵皮中央，從 **4** 邊將麵皮折起來，把奶油包住，然後捏住麵皮與麵皮之間的邊緣，將其固定。

4 用擀麵棍桿成 5～6mm 厚，然後折成 4 摺，再次重複此步驟。透過急速冷凍櫃來使中心部分變冷。

5 用擀麵棍桿成 5～6mm 厚，然後折成 4 摺，再次重複此步驟。放入冰箱內靜置一晚。

6 用擀麵棍桿成 2mm 厚，使用叉子或派皮滾輪針在麵皮上均勻地打洞。放入 190℃的烤箱中烤 15 分鐘。

7 撒上糖粉，放回烤箱中。當糖粉融化後，再次重複相同步驟 2～3 次。藉由反覆地撒上糖粉，使其焦化，千層酥皮的表面就會確實地形成塗層，直到吃完為止，都能保持酥脆口感。

放入草莓。

把太妃糖鮮奶油擠在草莓之間的空隙。

放上 1 球香草冰淇淋，輕輕地按壓。

把太妃糖鮮奶油擠在冰淇淋與玻璃杯之間。

放上 1 球草莓冰淇淋，使用巧克力片和草莓來裝飾。

抹茶與焙茶的芭菲

トシ・ヨロイヅカ 東京（鎧塚俊彦）

把以和菓子的浮島為主題的盤裝甜點做成芭菲。裝飾在頂部的貓舌餅用來象徵浮現在島上的新月。
把作為主題的抹茶做成冰淇淋和海綿蛋糕，焙茶則做成冰淇淋。
抹茶的苦味與清爽香氣、焙茶的芳香氣味、肉桂的甘甜香氣會很協調，形成一道風格華麗的芭菲。

利休

パティスリー & カフェ デリーモ（江口和明）

這道芭菲中裝了巧克力冰淇淋與抹茶冰淇淋，而且中間夾著白巧克力與抹茶鮮奶油。
把弄碎的巧克力餅乾放入杯中，作為口感的特色。從抹茶聯想到「千利休」，於是取了此名稱。

抹茶與焙茶的芭菲

◎巧克力貓舌餅
…1 片

◎抹茶冰淇淋…30g

◎卡戴菲（Kadaif）…適量

◎蜜漬和栗
（市售商品·切成 4 等分）…6 片

◎蒙布朗鮮奶油…40g

◎抹茶海綿蛋糕…適量

◎鮮奶油（乳脂含量 45%·無糖·
打發至 9 分硬度）…適量

蜜漬紅豆（市售商品）…適量

把抹茶海綿蛋糕切成 5mm 厚，用直徑 9cm 的圓形
模具來取出蛋糕。把蛋糕鋪在直徑 7cm 的半球型矽
膠模具上。放上蜜漬紅豆，擠上發泡鮮奶油，使其
範圍達到邊緣部分。放入冰箱內冷藏，使其凝固。
使用乳脂含量高達 47% 的鮮
奶油，提升保形性。
由於蜜漬紅豆很
甜，所以鮮奶
油中不加糖。

◎肉桂風味的蛋白霜…適量

◎焙茶冰淇淋…30g

◎抹茶海綿蛋糕…8g

蜜漬和栗
（市售商品·切成 4 等分）
…6 片

抹茶…適量

〉〉〉裝盤

① 把抹茶撒在盤子上。

② 放入蜜漬和栗，放上撕
成小塊的抹茶海綿蛋
糕，將表面弄平。

③ 用湯匙薄薄地削起焙茶
冰淇淋，放入杯中。

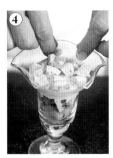

④ 把肉桂風味的蛋白霜弄
碎，放在焙茶冰淇淋
上，覆蓋表面。

⑤ 塞入蜜漬紅豆和鮮奶
油，放上半球狀的抹茶
海綿蛋糕。

⑥ 用手指輕輕地按壓抹茶
海綿蛋糕，使其緊貼下
方食材。

⑦ 把蒙布朗鮮奶油擠在 6
的上面（蒙布朗擠花
嘴）。

⑧ 放上卡戴菲（Kadaif），
用手指輕輕按壓。

⑨ 使用 6 片蜜漬和栗來裝
飾，在卡戴菲（Kadaif）
上放上抹茶冰淇淋。

⑩ 把巧克力貓舌餅插在抹
茶冰淇淋上。將芭菲放
在 1 的盤子上。

◎巧克力貓舌餅

1 用厚紙板來製作新月型模具。在巧克力貓舌餅（p.211）的剩餘麵皮上壓出造型，用小菜刀切出麵皮。

◎抹茶冰淇淋

1 把安格斯醬（p.71）100g 和抹茶 20g 放入冰淇淋機中攪拌。

◎卡戴菲（Kadaif）

1 把卡戴菲麵皮（Pate Kadaif）做成直徑約 5cm 的圓盤狀，放進 180℃的烤箱中烤 20 分鐘。

◎抹茶海綿蛋糕

1 把鮮奶油（乳脂含量 32％）25g、奶油 60g、蘭姆酒 3g 放入鍋中加熱，使奶油融化。

2 把全蛋 475g、上白糖 232g、蜂蜜 13g 放入攪拌用調理盆中，一邊進行隔水加熱，一邊打成泡沫。加熱到接近體溫厚，把調理盆裝到桌上型攪拌機上，用中高速模式來攪拌。

3 當麵糊的體積增加，形成含有大量氣泡的狀態，形狀變得宛如緞帶後，就轉成低速，攪拌到麵糊變得細緻。

4 當麵糊形成帶有光澤的均勻狀態後，就移至調理盆內（**a**）。

5 把低筋麵粉 195g 和抹茶 25g 混合並過篩後，一口氣加到 4 中，使用橡膠鍋鏟，迅速地用舀的方式來攪拌，以避免破壞氣泡。只要從右到左移動橡膠鍋鏟，把麵糊舀起，並使用左手來逆時針地轉動調理盆，就能迅速地攪勻。

6 舀起一杓麵糊，放進 1 的鍋中，確實地攪拌。

7 把 6 的鍋中食材全都加到 5 的調理盆中。用和 5 相同的方式來攪拌。

8 把麵糊移到鋪上了捲筒式料理紙的烤盤（33×43cm）上（**b**），使用橡膠鍋鏟把表面概略地弄平後，再用刮板將表面弄得更平。

9 讓烤盤咚咚地落在手掌上，把表面弄平後，放入 180℃的烤箱中烤 18 分鐘。從烤盤上取下海綿蛋糕，和捲筒式料理紙一起放在烤網上降溫。

◎蒙布朗鮮奶油

1 把和栗泥 150g 加到卡士達醬（省略解說）90g 中，充分攪拌成滑順狀。

◎肉桂風味的蛋白霜

1 以隔水加熱的方式將蛋白 216g 加熱到體溫程度。加入海藻糖 14g 攪拌，使其溶解。

2 一邊把鍋子放在冰水上降溫，一邊攪拌後，放入冷凍庫冰涼。使用桌上型攪拌機的高速模式來將其打成泡沫。中途，要加入細砂糖 30g。

3 形成帶有光澤的細緻狀態後，就取下，加入肉桂 3.5g，迅速地以舀的方式來攪拌，以避免破壞氣泡。

4 把材料放入裝上了圓形擠花嘴的擠花袋中，在鋪上了 Silpat 烘焙墊的烤盤上擠出直徑約 5cm 的材料後，放入 70℃的烤箱中烤 6 分鐘。

◎焙茶冰淇淋

1 把焙茶糖漿（市售商品）16g 加進安格斯醬（p.71）80g 中，攪拌。倒入冰淇淋機中。

利休

パティスリー & カフェ デリーモ（江口和明）

巧克力片（p.123）…適量

顆粒紅豆餡（市售商品）…10g

抹茶冰淇淋（市售商品）…約 50g

◎白玉糰子…1 顆

白巧克力抹茶鮮奶油…約 60g

巧克力冰淇淋（市售商品）*…約 50g

◎巧克力餅乾…1 片

◎白玉糰子…2 顆
◎巧克力餅乾…1 片

◎白玉糰子…2 顆

法式薄餅碎片（「皇家薄餅碎片」DGF·
弄成細小碎片）…10g

56％巧克力醬汁（p.123）…15g

＊：選擇「使用比利時巧克力，餘韻不
會過於濃郁，可以確實地感受到巧克力
味道」的產品。

56％巧克力醬汁（p.123）…適量
（另外附上）

>>> 裝盤

①

依序將 56％巧克力醬汁
和法式薄餅碎片放進玻
璃杯中。

②

依序放入白玉糰子和粗
略弄碎的巧克力餅乾。

③

再次依序放入白玉糰子
和巧克力餅乾。

④

放上 1 球巧克力冰淇
淋，用冰淇淋杓輕輕地
按壓。

⑤

擠上白巧克力抹茶鮮奶
油（不使用擠花嘴），使
其高度達到玻璃杯上
緣。

◎白玉糰子

1 把白玉粉加入調理盆中，加水，混拌揉捏成耳垂般的硬度（分量為各適量）。

2 將 1 揉成直徑 1.5cm 的球狀，放入沸騰的熱水中。浮起來後，就撈起，放進冷水中。

3 冷卻後，放進冷凍庫保存。在使用當天的早上，直接將結凍的白玉放進沸騰的熱水中，浮起來後，就撈起，放進冷水中。在出餐前，一直讓白玉泡在水中。裝盤時，要先擦掉水分後再用。比起當天現做現煮的白玉，先冷凍過後再重新煮過的白玉比較不會變硬，且能維持彈牙口感。

◎白巧克力抹茶鮮奶油

1 把鮮奶油（乳脂含量 35%）50g、水飴 3g、轉化糖漿 Tremorine10g 放入鍋中煮沸。若剛打好的鮮奶油還有剩的話，也可以拿來用。使用水飴是為了讓鮮奶油具備保形性。轉化糖漿 Tremorine 能夠防止鮮奶油失去水分，提升保水力，讓油水變得不易分離。

2 把白巧克力（可可含量 29%・「NEVEA（Weiss）」）100g 放入調理盆中，用 700W 的微波爐加熱約 2 分鐘，使其融化。由於使用隔水加熱的話，調理盆的溫度會上升過多，巧克力容易燒焦，而且水蒸氣進入會使成品變得粗糙，所以使用微波爐來融化會比較好。

3 當 1 沸騰後，把約 1/4 的量倒入 2 的調理盆中，用攪拌器來攪拌。當巧克力溶解後，分成 2 次加入剩下的部分，每次都要充分攪拌。

4 把 1 全部攪拌好後，改拿橡膠鍋鏟，將全部材料攪拌成均勻狀態。

5 一口氣加入冰涼的鮮奶油（乳脂含量 35%）300g，攪勻。

6 放入冰箱內靜置一晚。雖然靜置前水分很多，但經過一晚後，就會變得黏稠。

7 從 6 中取出必要的分量，放入攪拌用調理盆中，加入鮮奶油重量 10% 的抹茶（甜點專用粉末），攪勻。使用裝上了攪拌器的桌上型攪拌機的高速模式來攪拌，打發至 8 分硬度。只要讓泡沫達到會鞠躬的硬度即可。

8 使用食物調理機將適量的黑巧克力（可可成分 70%・「Acarigua（Weiss）」）粗略地弄碎。倒在網眼較大的篩網中，然後再將殘留在篩網中的部分倒在網眼較小的篩網中，把殘留在篩網中的部分拿來使用。使用量為鮮奶油重量的 15%。

9 把 8 加到 7 中攪勻。

◎巧克力餅乾

1 把奶油 50g 放入攪拌用調理盆中，用低速的攪拌器打成髮蠟狀。加入細砂糖 68g，用低速的攪拌器來攪拌，使其均勻分布。

2 一邊逐步少量地加入全蛋 16g，一邊用低速的攪拌器來攪拌，確實地使其乳化。

3 用 700W 的微波爐來將黑巧克力（可可成分 70%・「Acarigua（Weiss）」）加熱約 1 分鐘，使其融化，逐步少量地加到 2 中。

4 將全體攪拌好後，從攪拌機上取下調理盆，一口氣加入過篩後的低筋麵粉 70g，使用橡膠鍋鏟，以切的方式來攪拌。

5 等到粉味消失後，將麵團桿成直徑 2.5cm 的棒狀，然後放進冷凍庫。

6 切成 1.5cm 厚，放入 170℃的烤箱中烤 12〜13 分鐘。

放上 1 球抹茶冰淇淋。

放上白玉糰子和顆粒紅豆餡。

把巧克力片插在抹茶冰淇淋上。

咖啡與白蘭地的芭菲

アトリエ コータ（吉岡浩太）

透過發揮了苦味的咖啡冰沙、帶有白蘭地氣味的鮮奶油、濃郁的巧克力慕斯與醬汁來組成大人的味道。
加入百香果冰淇淋和紅酒醬汁來增添爽口的酸味與輕盈口感。

皇家奶茶

パティスリー & カフェ デリーモ／江口和明

因為想要將最喜歡的皇家奶茶做成很有巧克力店風格的芭菲而想出了此設計。

搭配上糖煮西洋梨、加入了吉安地哈榛果巧克力（Gianduja）的巧克力冰淇淋，整合成既雅致又帶有豐富香氣的味道。

咖啡與白蘭地的芭菲

アトリエ コータ（吉岡浩太）

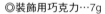

◎裝飾用巧克力…7g

◎白蘭地鮮奶油…10g

◎巧克力慕斯…35g

派皮（直徑 8cm・省略解說）…1 片
鮮奶油（打發至 7 分硬度・P.33）…少許

◎巧克力醬汁…7g

鮮奶油（打發至 7 分硬度・P.33）…5g
◎白蘭地鮮奶油…25g

◎百香果冰淇淋…35g

◎咖啡冰沙…50g
海綿蛋糕
（直徑 4cm・厚度 1cm・省略解說）…1 塊

◎白蘭地鮮奶油…25g

◎紅酒醬汁…5g

〉〉〉裝盤

① 把紅酒醬汁放入玻璃杯中。

② 舀起白蘭地鮮奶油，放入杯中。

③ 把海綿蛋糕放在鮮奶油上，用手指稍微按壓，讓鮮奶油的範圍擴大。

④ 用湯匙削下咖啡冰沙，放入杯中。

⑤ 用湯匙舀起 1 球百香果冰淇淋，放在冰沙上。最好同時使用叉子，使其變得穩固。

◎裝飾用巧克力

1 對黑巧克力（可可含量 55%・「Equatoriale Noire（Valrhona）」）進行調溫。

2 在工作台上鋪上透明膜（用來包覆切片蛋糕側面的東西），倒上少許 1。用三角刮刀把巧克力拉成線條狀。

3 當巧克力開始凝固時，把透明膜擰成螺旋狀，就這樣使其冷卻、凝固。存放在陰涼處，裝盤時，再把透明膜拆掉。

◎白蘭地鮮奶油

1 把白蘭地 15g 加到剛打好的鮮奶油（p.33）50g 中攪勻。若鮮奶油變得鬆弛的話，就重新打發。

◎巧克力慕斯

1 把黑巧克力（可可含量 55%・「Equatoriale Noire（Valrhona）」）560g 和牛奶 500g 放入鍋中加熱。當巧克力融化後，就一邊攪拌，一邊加熱，煮到稍微滾一會兒。

2 加入泡過冰水的明膠片 13.2g，使其溶解。一邊把鍋子放在冰水上，一邊攪拌，使鍋子降溫。

3 將鮮奶油（乳脂含量 38%）打發，讓泡沫立起來，然後與 2 混合。放入冰箱內冷藏，使其凝固。

◎巧克力醬汁

1 把黑巧克力（可可含量 55%・「Equatoriale Noire（Valrhona）」）融化，加入等量的鮮奶油（乳脂含量 38%）攪勻。

◎百香果冰淇淋

1 準備還沒放入冰淇淋機前的香草冰淇淋（p.77）材料 700g，加入百香果泥（Boiron 公司）150g，攪勻。倒入冰淇淋機中，攪拌到「顆粒變得很細，一垂下就會滴落」的程度。

◎咖啡冰沙

1 把水 850g、即溶咖啡（粉末）240g、細砂糖 150g、白蘭地 40g 放入鍋中加熱，煮到稍微滾一會兒。

2 一邊把鍋子放在冰水上降溫，一邊攪拌後，移至保存容器內。放入冷凍庫中，使其結凍。

◎紅酒醬汁

1 把紅酒 750g、細砂糖 200g、香草豆莢（使用第 2 次）1 根、刨成絲的檸檬與甜橙果皮各 1/10 顆分放入鍋中，開中火煮約 1 小時，煮到收汁，使其產生黏稠感。

⑥ 依序用湯匙舀起白蘭地鮮奶油、鮮奶油，放入杯中，淋上巧克力醬汁。

⑦ 把鮮奶油塗在派皮上，以塗上鮮奶油那面朝下的方式，將派皮放在玻璃杯上。

⑧ 在派皮上放上 1 球巧克力慕斯，淋上白蘭地鮮奶油。

⑨ 把裝飾用巧克力插在白蘭地鮮奶油與巧克力慕斯上。

皇家奶茶

パティスリー & カフェ デリーモ（江口和明）

巧克力片（p.123）…適量 ————————

◎糖煮西洋梨…20g

◎加了吉安地哈榛果巧克力（Gianduja）
　的巧克力冰淇淋…約50g
◎皇家奶茶鮮奶油…60g

皇家奶茶冰淇淋（市售商品）*
…約50g

◎糖煮西洋梨
　（切成一口大小）…50g

◎巧克力布朗尼
　（約1～2cm塊狀）…40g

◎糖煮西洋梨
　（切成一口大小）…50g

◎巧克力布朗尼
　（約1～2cm塊狀）…40g

法式薄餅碎片
　（「皇家薄餅碎片」DGF・弄成細小碎片）
　…10g

56%巧克力醬汁（p.123）…15g
（另外附上）

56%巧克力醬汁（p.123）…15g

＊：使用格雷伯爵茶葉製成，能夠確實地
感受到茶葉的味道。

>>> 裝盤

① 依序將56%巧克力醬汁
和法式薄餅碎片放入玻
璃杯中。

② 依序放入巧克力布朗尼
和糖煮西洋梨。

③ 再次依序放入巧克力布
朗尼和糖煮西洋梨。

④ 放入1球皇家奶茶冰淇
淋，用冰淇淋杓輕輕地
按壓。

⑤ 在冰淇淋上擠上皇家奶
茶鮮奶油（不使用擠花
嘴）。

⑥ 放上1球加了吉安地哈
榛果巧克力（Gianduja）
的巧克力冰淇淋。

⑦ 在冰淇淋的旁邊，使用
切成半月形的糖煮西洋
梨來裝飾。

⑧ 使用巧克力片來裝飾。

◎糖煮西洋梨

1 將各適量的細砂糖和水,以 1:2 的比例混合,煮沸,做成糖漿。沸騰後,加入各適量的西洋梨(罐頭)、香草豆莢、格雷伯爵茶口味的利口酒(「Toque Blanche Concentree Tea Earl Grey(Dover 公司)」)。事先準備好分量足以完全蓋過西洋梨的糖漿。

2 關火,直接靜置 1 週。

◎加了吉安地哈榛果巧克力(Gianduja)的巧克力冰淇淋

1 製作吉安地哈榛果巧克力(Gianduja)。事先準備好比例為 1:2 的榛果(義大利皮埃蒙特產)與細砂糖。把適量的水加到細砂糖中煮沸,當溫度達到 121℃時,加入烘烤過的杏仁。繼續加熱,使其焦化,當杏仁帶有適度的燒焦色後,就取出來放在大理石上,使其冷卻。當其溫度下降到可以用手觸碰後,就稍微攤開來,使其溫度降到常溫。放入食物調理機中,打成糊狀。

2 把步驟 1 當中的適量吉安地哈榛果巧克力(Gianduja)和適量巧克力冰淇淋(市售商品。使用比利時巧克力製成,餘韻不會過於濃郁,可以確實地感受到巧克力味道)混合,攪勻。

◎皇家奶茶鮮奶油

1 把鮮奶油(乳脂含量 35%)1kg 放入鍋中加熱,沸騰後,加入格雷伯爵茶葉(「Irish Malt(Ronnefeldt)」)22g 和「有機格雷伯爵茶(Art of Tea)」15g,蓋上蓋子,燜約 3 分鐘。

2 煮到稍微滾一會兒後,進行過濾,加入水飴50g、轉化糖漿 Tremorine50g、海藻糖 65g,攪勻。使用水飴是為了讓鮮奶油具備保形性。轉化糖漿 Tremorine 能夠防止鮮奶油失去水分,提升保水力,讓油水變得不易分離。

3 把白巧克力(可可含量 29% ·「NEVEA(Weiss)」)340g 放入調理盆中,用 700W 的微波爐加熱約 2 分鐘,使其融化。由於使用隔水加熱的話,調理盆的溫度會上升過多,巧克力容易燒焦,而且水蒸氣進入會使成品變得粗糙,所以使用微波爐來融化會比較好。

4 把約 1/4 的 2 倒入 3 的調理盆中,用攪拌器來攪拌。當巧克力溶解後,分成 2 次加入剩下的部分,每次都要充分攪拌。

5 把 2 全部攪拌好後,改拿橡膠鍋鏟,將全部材料攪拌成均勻狀態。

6 一口氣加入冰涼的鮮奶油(乳脂含量 35%)255g,攪勻。

7 放入冰箱內靜置一晚。雖然靜置前水分很多,但經過一晚後,就會變得黏稠。

8 使用裝上了攪拌器的桌上型攪拌機的高速模式來攪拌,打發至 8 分硬度。把攪拌器從攪拌機上拆下,用手動方式來攪拌,調整硬度。只要讓泡沫達到會鞠躬的硬度即可。

9 使用食物調理機將適量的黑巧克力(可可成分70%·「Acarigua(Weiss)」)粗略地弄碎。倒在網眼較大的篩網中,然後再將殘留在篩網中的部分倒在網眼較小的篩網中,把殘留在篩網中的部分拿來加到鮮奶油中攪勻。使用量為鮮奶油重量的 15%。

◎巧克力布朗尼

1 把黑巧克力(可可成分 70% ·「Acarigua(Weiss)」)125g 和牛奶巧克力(可可含量 41% ·「Del'immo 原創牛奶巧克力」)125g 放進微波爐中加熱,使其融化。

2 把 1、奶油 450g、全蛋 450g、細砂糖 255g、杏仁糖 66g、杏仁粉 500g 放入食物調理機中攪勻。

3 將其在烤盤上攤開來,撒上切碎的胡桃 250g。放入 180℃的烤箱中烤約 25 分鐘。

店舗介紹

アステリスク

東京都渋谷区上原 1-26-16 タマテクノビル1F
☎ 03-6416-8080

※夏季限定

從創立時就有販售芭菲。是研究芭菲的甜點店先驅。從 2014 年開始，芭菲的設計形成了現在這種風格。儘管人氣高到內用空間連續幾天都會客滿，但還是只有夏天才會販售芭菲。雖然有許多客人希望整年都能販售芭菲，但店長很重視季節感，一進入 9 月後，就會很乾脆地從菜單上拿掉芭菲。

開始販售芭菲的契機在於，為了應付夏季營業額的衰退。當時甜點店的刨冰已掀起一股話題，店長認為「研究已經有人在做的事情並不有趣」，於是著眼於當時給人稍微過時的印象的芭菲。雖然距離表參道與青山這些奢華地區相當近，但代代木上原的地理條件同時也包含了住宅區的這一面，店長認為，芭菲所具備的休閒感與不尋常感之間的平衡恰到好處。另外，為了讓員工體驗甜點店的所有類型的工作，所以店長也親手做過冰淇淋。芭菲由原本用於製作蛋糕的材料所組成，且希望讓客人輕鬆地品嘗，所以將價格設定在 1000 日圓以內。不過，在客人點餐後，「把派加熱，製作醬汁並淋上去」的步驟完全不會省略。芭菲的陣容包含了芒果、黑醋栗栗子、草莓這 3 種，可以從 5 種冰淇淋中挑選 2 種。把冰淇淋放入玻璃杯時，要避免冰淇淋因融化而變形。因此，玻璃杯會挑選「高度較高，且開口較寬，方便食用」的產品。在鮮奶油部分，會以霜淇淋的清爽味道為印象，調整乳脂含量和甜度。

芒果芭菲
→P.41

黑醋栗栗子芭菲
→P.118

和泉光一

1970 年出生於愛媛縣。曾任職於「成城アルプス」等處，後來在「サロン ド テ スリジェ」擔任了 9 年的甜點主廚。經過 3 年的充電期後，在 2012 年 5 月獨自創立「アステリスク」。

アトリエ コータ

東京都新宿区神楽坂 6-25
☎ 03-5227-4037

這間甜點店＆沙龍位於東京・神樂坂的小巷內。坐在店內深處的吧檯座位上，每當有客人點餐時，就能在眼前看到製作過程，並品嚐剛做好的甜點。負責大展身手的是經營者兼主廚吉岡浩太。他是一位曾在英國的星級餐廳等處製作甜點的甜點師。開始研究芭菲是在 2014 年。契機為，有客人提出了請求。不久後，因為想吃芭菲而造訪的客人就變多了，目前，每個季節會在菜單上提供 2～3 種芭菲。

「在甜點專賣店內，雖然有些客人是用完正餐後才過來的，但也有許多空著肚子來的客人，所以分量不達到某種程度的話，無法令人滿足。不過，若盤裝甜點的分量很多的話，外觀就不簡潔，看起來也不好吃。關於這一點，芭菲的魅力在於，就算分量很多，也能擺得很好看」（吉岡）。另外，主廚很重視現點現做的優點，並會將剛做好的熱食和冰涼的甜點放在一起，讓客人感受溫度差異的樂趣。裝芭菲的玻璃杯使用紅酒玻璃杯，透過在餐廳甜點界所培養出來的美感，運用玻璃杯內的空間來擺出美麗的模樣。芭菲的有趣之處在於，由不同食材混合而成的無數種味道，不同客人的吃法和順序都不一樣，可以說是自由度很高的甜點。因此，主廚會將組成要素控制在少數幾種，著重於「無論和哪個食材混在一起，都很好吃」的設計。

草莓迷迭香口味的
玫瑰色沙巴雍
→P.29

開心果與杏桃的芭菲
→P.176

咖啡與白蘭地的芭菲
→P.226

薄荷巧克力櫻桃芭菲
→P.74

吉岡浩太

1980 年出生於神奈川縣。曾任職於「明治記念館」、「ゴードン ラムゼイ アット コンラッド東京」、「ラ ノワゼット」（英國・倫敦）等處，在 2012 年獨自開店。

カフェコムサ 池袋西武店

東京都豊島区南池袋 1-28-1 池袋西武本店 本館 7F
☎ 03-5954-7263

カフェコムサ的主要商品為，使用稀有的國產水果製成的蛋糕。其中，カフェコムサ 池袋西武店是特別重視芭菲的專賣店。在水果部分，有時也會直接和水果農家進行交易，比較容易取得優質的水果和罕見品種。與其他連鎖店不同，池袋西武店的特色在於，會先將這些水果融入到「芭菲」這種型態中，再販售給客人。

主廚對於芭菲的設計有著非比尋常的講究，很重視「要充分地發揮水果的形狀與色調之美」這一點。

這次所介紹的 4 道芭菲所採用的設計為，把切塊的水果放進玻璃杯中，將派皮、杏仁切片、冰淇淋、鮮奶油層層疊起，上面華麗地擺滿了各種切好的水果。把切成薄片的水果貼在玻璃杯內側，即使從旁邊看，也能欣賞其美麗裝盤。現在，負責構思新菜單中的芭菲的組成與設計的是，佐野店長與這次擔任技術指導的加藤。由於使用的材料種類較少，所以在味道呈現的層面，重點在於，要使用什麼樣的冰淇淋來搭配何種水果。另外，在思考設計時，會以花朵為形象，重視「透過外觀也能打動客人的心」這一點。「不能因為過於重視外觀而忽視味道」與「呈現出有分量的感覺」也是該店很重視的部分。

玫瑰花束造型的芒果芭菲
→P.46

帶有 3 種風味的
無花果芭菲
→P.65

西洋梨草莓芭菲
→P.101

西瓜與巧克力的芭菲
→P.193

加藤侑季

出生於埼玉縣。從餐飲專科學校畢業後，在 2 間甜點店內累積販售與製作的經驗。在 2012 年進入カフェコムサ池袋西武店，參與製作芭菲的工作。

カフェ中野屋

東京都町田市原町田 4-11-6 中野屋新館 1F
☎ 無

從 JR 小田急町田站徒步 4 分鐘即可抵達。咖啡店位於大馬路旁，地理條件很好，連續好幾天，從早上就有排隊人潮。為了進入這間有販售芭菲與烏龍麵的「カフェ中野屋」，許多客人在排隊領號碼牌。從 2005 年開幕以來，店長森郁磨就持續認真地研究芭菲，創造出嶄新的芭菲，至今仍不斷有人慕名而來。

平時，菜單上會記載 14 種芭菲，看到菜單的客人，首先會對其名稱之長感到訝異。菜單上只有文字，沒有照片。這種做法與在法式餐廳內用餐一樣，店長希望讓客人透過菜單來進行各種想像。品嘗到「把蘋果和草莓切成薄片，宛如花束般，美麗地裝在杯中的芭菲」、「能夠呈現出富士山與石庭等日本風景的芭菲」、「透過日式美感來將薩瓦蘭蛋糕與蒙布朗等傳統糕點重新構築而成的芭菲」等獨創芭菲的客人會留下很強烈的印象。另外，在品嘗草莓芭菲的過程中，熱騰騰的草莓義大利燉飯會從中出現，製作蒙布朗鮮奶油時，會先把地瓜乾泡進牛奶中，再做成糊狀，徹底地發揮身為一名料理人的素養與經驗，在味道的層面上，也講求世界上哪裡都沒有的驚奇味道。森主廚今後也會持續地研究、推廣芭菲這項誕生於日本的文化，並進行各種嘗試。

當季草莓玫瑰造型芭菲
→P.142

草莓與開心果慕斯的
草莓費雪蛋糕風格芭菲
→P.144

酒粕「花垣」義式冰淇淋
與梅子果醬與接骨木花果凍
烤道明寺櫻餅與香橙的香氣
紫陽花造型的芭菲
→P.145

丹波的黑豆蒙布朗、
落日造型的芭菲
黃豆粉與香橙的香氣
→P.145

森郁磨

1978 年出生於神奈川縣。曾任職於「ホテルニューオータニ」的餐飲部門、町田市內的義式餐廳，從町田的老字號和菓子店「中野屋」所經營的「カフェ中野屋」創立時，就參與了相關工作。

使用 2 種葡萄來呈現魚鱗造型。芭菲中放了莫斯卡托氣泡酒（Moscato d'Asti）果凍與香檳鮮奶油。→P.143

使用在紅寶石波特酒中低溫醃泡過的蘋果作成的花束造型芭菲。卡爾瓦多斯蘋果白蘭地冰淇淋→P.143

稍微醃泡過的河內晚柑、搖盪的花果醋果凍、加了酥餅碎（Crumble）的生起司的芭菲→P.143

把茨城縣產紅遙地瓜製成的地瓜乾餡料與黑醋栗白米義式冰淇淋的蒙布朗做成芭菲風格→P.144

純米大吟釀的薩瓦蘭蛋糕（Savarin）、福井縣鯖江的酒粕製成的甘納許（Ganache）和義式冰淇淋、京都宇治濃茶雪酪的芭菲→P.144

地瓜與蘋果、透過拉弗格（Laphroaig，一種威士忌）的煙燻香氣來呈現「秋天」景色的芭菲→P.145

千疋屋総本店フルーツパーラー 日本橋本店

東京都中央区日本橋室町 2 - 1 - 2 日本橋三井タワー 2 F
☎ 03-3241-1630

創立於江戶時代。1834 年，武藏國埼玉郡千疋鄉的武士大島弁 在葺屋町（現在的日本橋人形町 3 丁目）創立了蔬果店。店名源自於他的故鄉「千疋」。明治 20 年，創立了水果食堂，可說是水果甜點店的前身。千疋屋是送禮用高級水果商店的先驅，並成為了享受水果的場所，至今仍有很多支持者。客層很廣，不分男女老幼，據說，最近獨自來品嘗芭菲的男性正在增加中。

在芭菲部分，一整年都會販售「千疋屋特製芭菲」、「麝香哈密瓜芭菲」、「香蕉巧克力芭菲」。在每月更換的菜單中，會準備一道使用栗子、草莓、桃子、芒果等當季水果製成的芭菲。縮減品項數量，維持高品質。

千疋屋特製芭菲所呈現的風格為，將 3 種冰淇淋和 2 種醬汁疊起來，在玻璃杯上，把切成略大塊的水果擺成放射狀。這道芭菲是負責統籌水果甜點店工作的兩角剛先生在 15 年前想出來的。藉由調整成簡約的設計與味道，來讓千疋屋引以為傲的水果的味道擔任主角。在 3 年前，重新設計了麝香哈密瓜芭菲與香蕉巧克力芭菲。在設計上，把水果份量增加一倍，更加地講求水果專賣店的優勢。在這次的採訪中，由日本橋本店的井上擔任技術指導。她每天所重視的事項為，美麗地呈現玻璃杯中的每一層、一一地確認水果的熟度、把水果切得很美、把芭菲擺成又大又寬敞的感覺。據說，即使持續製作芭菲好幾年，每天還是會有新發現。

千疋屋特製芭菲
→P.83

麝香哈密瓜芭菲
→P.130

香蕉巧克力芭菲
→P.136

井上亞美

1986 年出生於千葉縣。由於想要從事水果相關工作，所以進入千疋屋本店工作，目前任職於日本橋本店的水果甜點店。從 2016 年開始，擔任該店的副理。

タカノフルーツパーラー

東京都新宿区新宿 3-26-11 5F
☎ 03-5368-5147

新宿高野的前身「高野商店」是創立於大正 15 年的水果甜點店。以禮品用高級水果批發商發展而成的新宿高野，也是一個可以品嘗水果的場所，客人一整年都絡繹不絕。

在芭菲部分，除了 3 道常規芭菲以外，還有約 5 種會隨著季節變換的芭菲。桃子與草莓這些芭菲的經典水果當然不用說，柑橘類、柿子、梨子、奇異果等不太常用於芭菲的水果，也會被做成芭菲。這是非常了解水果，且長年投注心力在芭菲上的老字號才能做到的事。

芭菲種類的提案由整間店的所有員工一起提供意見，森山主廚再根據這些意見來決定搭配方式。基本形式為，在玻璃杯中疊上果凍、慕斯等鮮奶油類、冰沙，上面再放上雪貝和大量水果。將果凍放入底部是為了呈現爽口的餘韻。把切成小塊的水果放入果凍中，讓人在最後一口也能吃到水果。另外，在鮮奶油類部分，會降低糖度與乳脂含量，徹底地發揮水果的甜味與酸味。在調味方面，會使用多達 50g 的冰沙，來讓客人享受與果肉不同口感的魅力。「不能吃的部分也不會當成裝飾放入芭菲中」這一點也是該店的方針。只會嚴選出處於最佳食用狀態的水果，切成吃起來最美味的形狀，裝入杯中，然後提供給客人品嘗。

山梨縣產白桃芭菲
→P.16

靜岡縣產麝香哈密瓜芭菲
→P.125

法國紫色索列斯無花果芭菲
→P.69

麝香葡萄與貓眼葡萄芭菲
→P.53

森山登美男

1957 年出生於神奈川縣。老家是蔬果店。在 1978 年進入公司。以水果設計主廚的身分擔任菜單研發的總負責人，也會舉辦講習會等。著作為《水果甜點店的技巧 有助於切水果、裝盤、甜點製作的水果圖鑑》（柴田書店）等。

山形由香理

1982 年出生於埼玉縣。從甜點專科學校畢業後，曾在甜點店工作，在 2003 年進入「タカノフルーツパーラー」，任職於新宿本店。在本書中，擔任裝盤的技術指導。

デセール ル コントワール

東京都世田谷区深沢 5-2-1
☎ 03-6411-6042

吉崎大助在「セルリアンタワー東急ホテル」擔任了 4 年半的甜點主廚。2010 年,她在駒沢公園附近的住宅區開了這間甜點專賣店。場所剛好位於東急田園都市線駒沢大學站與東急大井町線等等力站的中間。雖然離任何一個車站都很遠,但擁有許多狂熱支持者。在座位方面,吧檯有 7 個座位。在菜單部分,只提供完全預約制的甜點全餐,吉崎主廚會在客人面前完成所有甜點,直接端給客人品嚐。目前,新客人要預約到位子是非常困難的。

從幾年前開始,芭菲就屬於點餐量很多的類別,擁有一定數量的支持者。該店會不定期地舉辦芭菲販售會。在舉辦當天,會讓客人座位周轉 5~6 次,總計約有 40~50 人造訪,預約名額一下子就被常客們搶光了。一般的甜點全餐的特色為,重視調味的趣味度與味道的驚奇度,在設計上充滿玩心。若是芭菲的話,其他部分暫且不提,首先要以「讓客人吃到大量的水果」為主題。該店所研究的水果為,桃子、草莓、櫻桃等。不考慮方便入口的程度,放上大量當季最好吃的水果,呈現出最直接的效果。在這次所介紹的芭菲當中,「草莓芭菲」的製作方式與實際在店內販售時一樣,其餘芭菲則是為了本書而設計的產品。這些設計運用了甜點專賣店的獨特裝盤技巧、味道與香氣的搭配方式,將新的觀點帶進芭菲中。

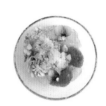

草莓芭菲
→P.22

開心果與葡萄柚的芭菲
→P.165

番茄與羅勒的芭菲
→P.171

松露芭菲
→P.209

吉崎大助

1975 年出生於東京都。曾在印刷公司上班,後來成為了甜點師。曾在「パーラーローレル」累積修業經驗,之後在「セルリアンタワー東急ホテル」擔任甜點主廚。在 2010 年自立門戶。

トシ・ヨロイヅカ 東京

東京都中央区京橋 2-2-1 京橋エドグラン1F
☎ 03-6262-6510

這是繼東京・六本木的 Midtown 店、東京・八幡山的 Atelier、神奈川・小田原的「一夜城トシ・ヨロイヅカファーム」之後，在 2016 年新開的店。1 樓除了蛋糕、巧克力以外，也販售麵包，且有附設內用空間。2 樓是吧檯甜點專賣店，提供甜點全餐。

在甜點全餐中，為主餐之一所準備的就是芭菲。從 1 號店（惠比壽店）開張時，鎧塚就已經在負責芭菲的部分。他所重視的是，小時候吃芭菲時所感受到的興奮之情。不把照片放在菜單中，也是這個緣故。他也很重視在吧檯上製作甜點的樂趣，以及將甜點端到客人面前時所呈現的驚奇感。另外，在設計上，他很重視驚喜感。把鮮奶油和紅豆餡包進加了抹茶的海綿蛋糕中，做成圓頂造型，並插上一片很大的新月形沙布列餅乾，透過又高又令人震撼的設計來讓客人享用芭菲。

說到味道層面的話，主廚認為「由於芭菲要裝在玻璃杯中，所以 1 人份的量會變得出乎意料地多」（鎧塚），所以重點在於，要先思考「能讓人美味地吃完芭菲的堆疊順序」與「整體的味道平衡」，再為口感增添特色。另外，主廚認為，芭菲與好好地堆疊出每一層的小蛋糕（Petit Gateau）不同，他所著重的是，「讓每層之間的交界自然地互相融合，看起來既自然又美味」，不要擺放得過於整齊，以呈現出自然的美感。

Toshi 風格的巧克力芭菲
→p.208

抹茶與焙茶的芭菲
→p.220

風車芭菲
→P.131

無花果芭菲
→p.68

鎧塚俊彥

1965 年出生於京都府。曾在大阪與神戶的飯店工作，後來前往歐洲。曾在瑞士、奧地利、法國等地修業 8 年。在 2002 年回國，擔任企業的顧問等工作後，在 04 年自立門戶。

ノイエ

東京都世田谷区北沢 2-7-3 ハイツ北沢 1A
☎ 03-6407-1816

本店在 2016 年 6 月開幕，地點位於下北澤的小巷內。在店內可以享用自然派葡萄酒、下酒菜、甜點。剛開幕時，雖然也有販售沙拉與法式肉派（Pâté）等料理，但隨著購買甜點的客人的比例增加，本店也逐漸變成為烘烤類糕點（外帶）與甜點的專賣店。其中，為了芭菲而從遠地過來的人也不少，連續好幾天，10 個座位幾乎都是客滿的。

從開幕就有的經典芭菲是檸檬芭菲。說到檸檬的話，大多會做成雪酪，但主廚硬是將其作成牛奶冰淇淋，呈現出帶有懷舊感的溫和味道。把可以確實感受到酸味的檸檬凝乳放入玻璃杯中，調出既清爽又輕盈的味道。在這道芭菲中，用來提味的是既酥脆又帶有粗糙口感的酥餅碎。讓可以確實感受到鹹味的岩鹽發揮作用，將其視為味道與口感這兩方面的吸客要素（hook）。在芭菲的調味方面，要注意的是，不能像檸檬芭菲那樣，做成只有甜味的芭菲。舉例來說，使用焦糖時，要確實地使其焦化，到達最大限度，發揮其苦味。在柑橘芭菲中，為了呈現酸味與口感上的特色，所以要淋上百香果來取代醬汁。

主要用於芭菲的玻璃杯是又淺又圓的冰淇淋玻璃杯。由於玻璃杯上方有寬廣的空間可以使用，所以裝盤的自由度很高。在思考芭菲的設計時，大多會從裝盤著手，而且很重視可愛風格的設計。

檸檬芭菲
→P.164

栗子芭菲
→P.112

草莓聖多諾黑泡芙
→P.28

紅瑪丹娜芭菲
→P.170

菅原尚也

1988 年出生於山形縣。高中畢業後，在工廠工作，之後前往東京。在咖啡館、餐廳等處擔任過大廳、亨調、製作甜點的工作，之後成為東京澀谷「リベルタン」的員工。在 2016 年自立門戶。

パティスリィ アサコ イワヤナギ

東京都世田谷区等々力 4-4-5
☎ 03-6432-3878

這間簡約雅緻的甜點店佇立在東急大井町線的軌道旁。岩柳麻子曾經擔任「パティスリードゥ ボン クーフゥ」的主廚，在業界很活躍。她在 2015 年，與擔任一級建築師的丈夫宿澤巧一起獨自創業。店內擺放著曾經以染織家為志向的岩柳透過其美感而創作出來的蛋糕，以及使用宿澤的老家山梨縣・宿澤水果農園的水果製成的義式冰淇淋。店內附設了有 24 個座位的咖啡館空間，人氣餐點為芭菲。以高級珠寶作為形象來製作的芭菲，會和飲料組成套餐，售價為 2500～3000 日圓。在隨著季節變更的芭菲部分，平時會準備 2 種。在飲料部分，以甜點酒和氣泡酒這些酒類為首，可以從有機花草茶等 25 種飲料中進行挑選。在芭菲部分，主廚的出發點在於，要如何讓客人美味地品嘗宿澤水果農園的水果。主廚認為「咬住水果時，是最好吃的」，所以把水果切成較大塊，並大量地放入杯中。另外，由於主廚不想使用傳統芭菲的組成要素，所以不使用鮮奶油，而是依照水果的味道來分別使用優格、馬斯卡彭起司、雙倍鮮奶油等乳製品。在醬汁部分，會當成對比色與味道的特色，大多最後才會決定。在構造上，必定會將風味清爽的果凍和水果放入玻璃杯底，讓人以清爽的餘韻作結尾。透過獨自的感性來找出「桃子與洋甘菊、葡萄與開心果」這類搭配效果出乎意料地好的組合。

桃子寶石芭菲
~佐洋甘菊牛奶義式冰淇淋~
→P.8

葡萄寶石芭菲
~佐開心果義式冰淇淋~
→P.58

西洋梨寶石芭菲
→P.106

岩柳麻子

1977 年出生於東京都。在專門學校桑澤設計研究所學習染織後，走上製作甜點的道路。和朋友一起創立「パティスリィ・ドゥ・ボン・クーフゥ」後，在 2015 年自立門戶。

パティスリー ビヤンネートル

東京都渋谷区上原 1-21-10
☎ 03-3467-1161

馬場麻衣子曾在餐廳內參與過甜點製作的工作，2010 年，在代代木上原開了自己的店。從店面開張時，就開始研究芭菲。在菜單方面，每個月會更換一道芭菲。

會像「桃子和開心果」、「李子和黑醋栗」這樣以 2 種食材作為主角，每年都會變更搭配與組成方式。作為主要食材的是 1～2 種水果與 2 種義式冰淇淋。然後會搭配上 2～3 種果凍或牛奶凍、帶有酥脆口感的糖粉奶油細末或千層酥皮、醬汁等，最後使用蛋白霜或巧克力等來裝飾。在裝進想要的口感與味道的過程中，據說會使用 20 種左右的食材。玻璃杯採用義大利製，特色為底部呈現鼓起狀造型。在吃的過程中，各種食材會不斷冒出來。經過摸索後，終於找到這種能讓客人產生興奮期待感的裝盤方式。由於主廚認為「芭菲是一種透過各種形式來品嘗水果的甜點」，所以她直接向愛媛縣的幾個農園採購水果。另外，在持續製作芭菲的過程中，她也變得愈來愈想親手製作義式冰淇淋，於是她在 2017 年，在附近開了義式冰淇淋專賣店「フロート」。在義式冰淇淋中使用香氣強烈的水果，或是選擇帶有甜味的新鮮水果，藉此就能實現更加細膩的呈現方式。在製作放入杯中的數種果凍類時，也很重視細節，會分別使用不同的凝固劑。若想要讓味道迅速在口中擴散的話，就要使用較少的明膠。若想要做出「一咬下，味道就會遍及各處」的果凍的話，則要使用果凍粉。

桃子和開心果
→P.9

李子和黑醋栗的芭菲
→P.177

和栗與紅醋栗
→P.113

葡萄與榛果糖
→P.59

馬場麻衣子

1977 年出生於京都府。曾在東京的餐廳工作，後來成為「レストラン サンパウ」的甜點主廚。在 2010 年創立「パティスリー ビヤンネートル」，2017 年創立「フロート」。

パティスリー＆カフェ デリーモ
東京ミッドタウン日比谷店

東京都千代田区有楽町 1-1-3
東京ミッドタウン日比谷 B1F
☎ 03-6206-1196

經營甜點事業的 Broadedge Factory 公司在 2013
年 12 月創立了「デリーモ」。這個新創立的品牌
聘請了曾在多間巧克力專賣店累積經驗的江口和
明來擔任甜點主廚。品牌概念為「巧克力師所打
造的甜點店」。芭菲是整年都很受歡迎的品項。
在芭菲的組成方面，所有品項都擁有共通的形
式，玻璃杯上方會放上插上了裝飾用巧克力的冰
淇淋與水果。玻璃杯中則疊上了巧克力鮮奶油、
冰淇淋、水果、法式薄餅碎片、巧克力醬汁。所
有芭菲都會附上加熱過的巧克力醬汁，客人可以
在喜愛的時機淋上去，享受溫度差異帶來的變
化。江口主廚說，芭菲的魅力在於，如何持續地
去創作出這種味道的變化。另外，小蛋糕（Petit
Gateau）的尺寸再大也有極限，很難提升一塊蛋糕
帶給客人的滿足感。不過，由於芭菲可以做成有
飽足感的尺寸，所以在「容易提升飽足感的品
項」這一點方面，主廚認為很值得研究。

另外，江口主廚也很重視甜點除了味道之外的部
分。舉例來說，像是芭菲的命名。他把使用抹茶
製成的芭菲取名為「利休」，把可以盡情品嘗栗
子的芭菲取名為「完美栗子芭菲」。他將玩心定
位為美味的一部分。

皇家奶茶
→P.227

曼哈頓莓果
→P.215

利休
→P.221

白衣貴婦
→P.214

完美栗子芭菲→P.119

江口和明

1984 年出生於東京都。從甜點專
科學校畢業後，曾任職於「谷フ
ランセ」、「カファレル」、
「デルレイ」、「デカダンス ド
ュ ショコラ」等處，在 2013 年
成為「デリーモ」的巧克力師＆
甜點主廚。

フルーツパーラーゴトー

東京都台東区浅草 2-15-4
☎ 03-3844-6988

- -

創業於 1946 年。原本為水果店，在 65 年轉型為水果甜點店。後來，長年掌管店面的節子女士退休，由兒子浩一接任店長。現在的芭菲風格是由浩一所打造而成的。雖然芭菲的組成與設計都很簡單，但既強而有力又好看。首先，把醬汁放入玻璃杯底。把香草冰淇淋滿滿地塞進玻璃杯的細長部分。其上方則放上，由浩一的妻子美砂子每天早上親手製作的冰淇淋。運用玻璃杯的鼓起造型，在冰淇淋旁以放射狀的方式來擺放水果，將冰淇淋圍起來，然後在水果中央擠上大量鮮奶油。發揮了作為設計師的出色美感。

在芭菲的菜單陣容部分，除了水果芭菲以外，還有麝香哈密瓜、鳳梨、香蕉。除了這 4 款經典芭菲以外，還會準備 4～6 款隨著季節來變換的芭菲。發給客人的菜單全都是浩一每天早上製作、設計而成。上面詳細地記載了所使用水果品種的味道與特色、該品種是由什麼品種交配而成、芭菲的組成等，許多支持者和水果愛好者都會把菜單帶回去。

在隨著季節來變換的芭菲部分，除了將甲州百匁柿、紅瑪丹娜、秀玉等非常美味的單一品種做成芭菲以外，也會將多種不同水果組合起來，像是和栗、蘋果、柿子、葡萄。葡萄與柑橘等水果的品種很多，各品種的味道都有明確的特色，主廚會在一道芭菲中使用 10 種以上的品種，讓客人享受邊吃邊比較的樂趣。

水果芭菲
→P.82

甲州百匁柿芭菲
→P.151

含有白草莓（淡雪）的
5 種草莓的芭菲
→P.35

使用了 12 種柑橘類的芭菲
→P.157

草莓香蕉巧克力芭菲→P.137

在照片中，從左依序為後藤節子、浩一、美砂子。©高島不二男

後藤浩一

1961 年出生於東京都。土生土長的淺草人。曾任職於出版社、廣告代理商，後來成為平面設計師。從 2009 年開始，擔任老家的蔬果店兼水果甜點店的第三代店長。

フルーツパーラーフクナガ

東京都新宿区四谷 3-4 Fビル2F
☎ 03-3357-6526

外型復古樸素的芭菲跨越了時代，持續受到人們的喜愛。店長西村生長在代代經營水果專賣店的家族中，從小就是吃美味水果長大的。在 23 歲開店。自從 20 年前因為蛛網膜下腔出血而倒下後，就變得非常重視「水果對於身心健康有何貢獻」這一點。他的座右銘為「美味地品嘗能讓身心愉快的食物，變得健康吧」。在連果肉一起凍起來所製成的雪貝中，有時也會使用含有最多胡蘿蔔素等養分的果皮與內果皮等部分，追求能夠完整地攝取到水果的美味與養分的芭菲。芭菲的組成很簡單，只有水果、自製雪貝、牛奶冰淇淋。該店的風格為，希望盡量讓客人直接品嘗到水果本身的美味，所以會把水果連皮切成較大塊，大量地放入杯中。店長希望客人能直接用手拿起水果，大口咬下，充分地運用五感來品嘗水果。吃過哈密瓜芭菲的孩子說「這道芭菲中全部都是哈密瓜！」如同在這個小故事中所看到的那樣，能夠將原本就很好吃的水果化為吃起來更加美味的型態，正是「フクナガ」的芭菲。店長很重視與顧客之間的信賴關係。「最近很累，所以想要來這裡吃芭菲，恢復健康。」、「這種水果要怎麼吃才好吃呢？」這樣地向店長搭話的客人會不停出現。雖然店長的表情乍看之下很嚇人，但聊到水果的話題時，他就會露出最棒的笑容。

水果芭菲
→P.82

葡萄芭菲
→P.52

草莓芭菲
→P.34

西洋梨芭菲
→P.100

柿子芭菲→P.150

西村誠一郎

1950 年出生於東京都。從曾祖父那一代擔任大田市場的前身神田蔬果市場的公會長時，家族就在經營水果專賣店了。23 歲時，在老家的蔬果店 2 樓創立「フルーツパーラーフクナガ」。

ホテル インターコンチネンタル 東京ベイ ニューヨークラウンジ

東京都港区海岸 1-16-2
☎ 03-5404-7895

從東京臨海新交通臨海線的竹芝站徒步 1 分鐘即可抵達。在位於飯店 1 樓的休憩空間，德永純司從 2016 年開始擔任高階甜點主廚，推出一系列標榜著「成年人的芭菲」的產品。每季都推出一道使用當季水果製成的芭菲。在芭菲製作方面，他所著重的是，在玻璃杯中擺出美麗的層狀結構。另外，他不使用不易溶於口中的餅乾（Biscuit），而是把瓦片餅或沙布列餅乾等口感輕盈的食材夾在中間，呈現出酥脆的節奏感。在思考芭菲的組成時，首先要決定「擔任主角的水果要和哪種冰淇淋搭配」這一點，接著再決定果凍類，調整味道的平衡，然後再透過鮮奶油類來調整味道的取向（清爽或濃郁）。在鮮奶油類部分，炎熱的季節會使用冰沙和雪酪等味道清爽，且融化後還能當成冷飲來喝的冰品。在寒冷的季節，則會搭配上乳脂含量較多的冰淇淋等濃郁的冰品。

在食材的組合方面，很重視如何襯托出主要水果的味道。舉例來說，在栗子芭菲中，會搭配上盛產季相同的西洋梨，透過很有秋季風味的焦糖來增添特色。另外，由於中間帶有果核的核果類彼此之間很搭，所以會運用關於食材的知識與經驗，設計出「桃子搭配荔枝」、「櫻桃搭配開心果」等搭配方式。

成年人的櫻桃芭菲
→P.75

成年人的桃子芭菲
→P.17

成年人的草莓芭菲
→P.23

成年人的栗子西洋梨芭菲
→P.107

德永純司

1979 年出生於愛媛縣。曾擔任「ザ リッツ カールトン東京」的甜點主廚，從 2016 年 4 月開始擔任「ホテル インターコンチネンタル 東京ベイ」的高階甜點主廚。

TITLE

芭菲　設計一杯 IG 網美風水果百匯

STAFF		ORIGINAL JAPANESE EDITION STAFF	
出版	瑞昇文化事業股份有限公司	撮影	中島聡美
編著	柴田書店	デザイン	飯塚文子
譯者	李明穎	編集	井上美希
監譯	大放譯彩翻譯社		

總編輯	郭湘齡
文字編輯	徐承義　蕭妤秦
美術編輯	許菩真
排版	菩薩蠻數位文化有限公司
製版	明宏彩色照相製版有限公司
印刷	龍岡數位文化股份有限公司

法律顧問	立勤國際法律事務所　黃沛聲律師
戶名	瑞昇文化事業股份有限公司
劃撥帳號	19598343
地址	新北市中和區景平路464巷2弄1-4號
電話	(02)2945-3191
傳真	(02)2945-3190
網址	www.rising-books.com.tw
Mail	deepblue@rising-books.com.tw

初版日期	2020年6月
定價	500元

國家圖書館出版品預行編目資料

芭菲：設計一杯IG網美風水果百匯 / 柴
田書店編著；李明穎譯. -- 初版. -- 新北
市：瑞昇文化, 2020.03
248面 ; 18.2 X 26.1公分
ISBN 978-986-401-399-9(平裝)

1.點心食譜

427.16　　　　　　　　　109000656